GELATO & SORBET　　　陈谦璿　著

冰淇淋风味
调配指南

中国轻工业出版社

杰拉德·多兰（Gérard Taurin）

我很高兴也很荣幸为Willson的冰淇淋著作写推荐文，这种时刻总是令人感动。这本书是一次新的探索，也开启了使冰淇淋历史更加完整的大门。

我相信这本书肯定会获得各位读者青睐，也有信心吾友Willson的专业能为各位开拓新的创意视野。我们身为冰淇淋艺术的匠人，本书是我们对此专业热情的见证，它能将作者的心得传授给读者，激发读者对冰淇淋的热情，延续此专业的知识。

恭喜我的挚友，谢谢你为我们美好的专业所做的付出。

J'ai la joie et le plaisir de préfacer le livre sur la glace de Willson Chen, c'est toujours un moment sensible, une nouvelle découverte, une ouverture qui complète le Monde de la glace inventé en Chine ancienne à l'ouest du pays.

Je veut croire que vous accorderez une écoute toute particulière à ce nouveau livre et suis confiant que sa lecture ouvrira encore de nouvelles perspectives créatives grâce au professionnalisme de mon ami Chen.

Il est, nous sommes les artisans de notre art, ce livre le témoin d'une passion, le résultat de sa lecture un témoin que l'on passe au suivant qui se passionnera et deviendra le relais du savoir.

**Bravo mon fidèle ami et merci
pour notre belle profession.**

2005年荣获法国农业成就骑士勋章（**Chevalier du Mérite Agricole 2005**）
2003年冰淇淋世界冠军（**Champion du Monde Glacier 2003**）
2000年法国最佳工艺师，冰淇淋MOF[1]（**Meilleur Ouvrier de France Glacier 2000**）

1 MOF，法国最佳工艺师，由法国政府颁发，是一种对该领域技艺认证的最高荣誉。

吕克·德博夫（Luc Debove）

人类吃冰淇淋的轨迹可以上溯至古埃及。从那时起，吃冰淇淋就成了真正的享受。如此愉悦的时刻可以是和家人一同分享，或是一人独享。Willson制作的冰淇淋品质卓越，众所皆知。在本书里，你可以看见如何以简单的方法制作出非常棒的冰淇淋。我要给亲爱的朋友Willson大大的感谢，谢谢你通过这本书，将我们对冰淇淋的热情分享给读者。

祝福你!

Traces of ice cream consumption can be found in the time of the Egyptians. Since then, ice cream has become a real moment of pleasure. A moment that is shared with the family or alone for the sake of pleasure. The excellence of Mister Willson Chen's ice creams is well known. In this book you will find the elements to make very good ice cream in a simple way. A very big thank you my dear Willson for sharing our passion that is ice cream through this book.

Best regards.

2021年法国国立高等甜点学院校长［École Nationale Supérieure de Pâtisserie（ENSP）Directeur］
2011年法国最佳工艺师，冰淇淋MOF（Meilleur Ouvrier de France Glacier 2011）
2010年冰淇淋世界冠军（World Championship Ice Cream 2010）

亚历克西斯·皮费尔（**Alexis Beaufils**）

能向读者介绍吾友Willson的书，我感到既荣幸又欣喜。我从一开始就对参与本书的创作充满热情。我曾经因为工作原因和朋友陈星纬造访中国台湾两次；刚到的那天晚上，他迫不及待地带我去看Willson的知名冰淇淋店Double V。我品尝了几款冰淇淋和雪葩，如今仍然记得那个无与伦比的时刻。平衡、风味醇厚、充满原味，尝得出来的精准拿捏，是我对Willson多年来的创作所下的定义。恭喜你在冰淇淋界的出色表现。

祝各位展读愉快！

Quel Honneur et quel plaisir de présenter le livre de mon ami Willson. J'ai tout de suite été très enthousiaste à l'idée de participer à ce projet de création de livre. J'ai eu la chance de venir 2 fois à Taiwan en voyage professionnel avec mon ami Hsing-Wei-Chen et la première chose qu'il a souhaitait me montrer le soir de mon arrivé c'était le Studio Double V la célèbre Glacerie de Willson. J'ai gouté quelques glaces et sorbet et je me souviens encore de ce moment d'exception. Equilibre, Savoureux et régressif tout ce que j'ai pu gouter était d'une précision infinie c'est comme ça que je définirais le travail depuis de nombreuse années de Willson. Félicitation pour ton joli travail autour de la glace.

Bonne lecture.

2022年甜点世界杯法国队选手（**Final International du Mondial des Arts Sucré 2022**）
2022年巴黎五星饭店巴黎布瑞酒店点心坊主厨（**Chef Pâtissier à Brach Paris**）
2017年巴黎五星饭店巴黎勒布里斯托酒店点心坊副主厨（**Sous-Chef Pâtissier à Hôtel Le Bristol Paris**）

吴则霖（Berg Wu）

数年前在野台系[1]餐会中认识Willson，对他所展现出的冰淇淋工艺深感折服，并因此展开了后续数次的合作案。在合作过程中发现，冰淇淋与咖啡多有共通之处，而Willson与我也属同一类人。

我们的作品皆为自身感性所延伸出的艺术，但背后却是以理性、扎实的科学知识所堆叠完成。唯有这样，才能在每个时刻都确保作品的稳定，并且持续地精进。制作冰淇淋看似简单，其实并不简单，但Willson的著作能够以清楚有逻辑的方式，带领读者们踏入冰淇淋的幸福领域，轻松地开始自制冰淇淋。

兴波咖啡（Simple Kaffa）共同创办人
2019/2020年兴波咖啡被评选为世界最佳咖啡馆
2016年世界咖啡师大赛冠军［World Barista Championship（WBC）］
2016年中国台湾咖啡调酒大赛冠军
2013年—2015年中国台湾咖啡师大赛冠军

1 编者注"野台系"是由一群来自各界的匠人们组成的团体，他们期望以各自的专业穿针引线，将中国台湾当地的各种元素结合，量身打造"在地餐宴"。

陈星纬（**Hsing Wei Chen**）

我与Willson已是相识十多年的好友，很开心有这个机会为他的新书写推荐序，我们也一起合办过多场意式冰淇淋结合法式甜点的讲习会，看着他一步步努力地推广意式冰淇淋，希望能让更多人认识意式冰淇淋的态度与精神，并融合许多经验与独到的想法，不断创造出许多让大家惊奇喜爱的口味，他对意式冰淇淋的执着以及钻研多年的心得经验，都浓缩在这本新书里面，这绝对是一本不可错过的好书，大家跟着Willson一起来探索意式冰淇淋的奇妙世界吧！

台北全统西点主厨及经营者
2019年陀飞轮点心坊（杨·布里斯的甜点店）副主厨（**Sous-Chef Pâtisserie Tourbillon by Yann Brys**）
2018年巴黎文华东方酒店点心坊领班
2016年法国图尔巧克力大师赛冠军
2015年法国罗莫朗坦（**Romorantin**）甜点比赛冠军

chen-hsing-wei
2022.01.22.

王嘉平（Jai Ping）

如果你还坚信，从夜市买了杯木瓜牛奶，放在家里的冰箱中，就可以做出好吃的冰淇淋，你大可以放下这本书，转身离去。毕竟让人们着迷的冰淇淋，是个介于固体与液体之间存在着的一个梦境般的质地（是说用手抓不着，只能用唇舌来迎向它）。制作冰淇淋等同于"烹调"的是：创作者将生鲜食材，经过调配再加上热能的转换，换成享用者的喜悦与赞赏。但是，不同于"烹调"的是：制作冰淇淋必须经过精准的计算！"撑起浪漫柔软冰淇淋的，却是冰冷而生硬的知识结构！"

在我看到的料理界，我们最不缺的就是情怀、小故事和创作理念。很遗憾的是，在Willson的这本"教科书"里，你将看不到这些温情！书里有的只是再专业不过的冰淇淋操作原理和概念，与扎扎实实的精准配方。如果莱特兄弟没有依赖着展弦比与斯密顿系数，他们也只会是个在沙丘上等着风吹起，然后栽下的傻瓜们。我必须恭喜买这本书的人，Willson累积多年的专业扎实理论，将带着你对冰淇淋的浪漫幻想飞上天际！

"Solo Pasta"餐厅主厨
入选百味来（Barilla）评选的意大利境外"意大利料理大使"
曾在意大利15个省份的16家餐厅实习

陈谦璿（**Willson Chen**）

"**Double V**"冰淇淋店创办人
"**Deux Doux**"甜品店主厨

法国宝茸（**Les Vergers Boiron**）中国台湾地区品牌大使
新加坡国际食品与酒店展（**FHA**）布拉沃冰淇淋机（**Bravo Spa.**）示范技师
两岸烘焙人协会冰淇淋技术委员
多家知名大厂冰淇淋和西点技术指导
科麦食品公司西点/冰淇淋示范技师
焙乐道比利时（**Puratos Belgium**）示范技师
法国雷诺特厨艺学院毕业

2015年马可·波罗国际意式冰淇淋大赛（**Marco Polo International Gelato Cup**）世界杯亚军
2014年中国台湾冰淇淋达人创意大赛冠军
Gateaux 台湾蛋糕协会马卡龙最佳创意

高职、大学时期我念的都是电机专业，就这样懵懵懂懂过了7年，顺利毕业后，在竹科短暂进入工程师生活后，才发现跟自己的志趣好像大不相同。在当时的兼职工作中，接触到蛋糕装饰的奶油裱花，第一次感受到有别以往的创造乐趣，能够自我创作的自由，使我对甜点产生了很大的兴趣，而后便毅然决然地离开电机行业，直接应聘传统蛋糕店，从学徒做起。因为不是本专业的学生，所以更加努力，在厨房练到半夜，睡在沙发上是常常有的事。

过去的电机专业工作，讲求的是严谨的制程与规格化，你说没帮助吗？一定有，在进入甜点世界后，无论制作或是配方设定，都要求自己充分地了解每一个环节，用科学的方式去理解，虽然辛苦，却也让自己进步很快。再加上有电机专业基础，能更快地熟悉设备、了解操作原理，在摸透机器这方面相对花了较少的学费。

在去法国学习之前，我大概只学了一个多月的法文，再加上原本英文程度很差，第一次到法国时在机场绕了一个多小时，现在想想，还真需要莫大的勇气。语言不通的状况下，真的很痛苦，每天都有巨大的无助感，甚至在语言学校还被留级了一学期，相当受挫，又待了一学期后，才稍微能够用法语沟通。那时候根本没特别想过要选哪一所学校，在台湾地区，有关法国厨艺学校的资讯相当稀缺，自己的第一台智能手机还是在法国买的。后来寻求当地的法国人推荐，认识了几所知名的甜点学校，包含 Ferrandi（法国巴黎费朗迪学院）、École Ducasse（法国杜卡斯学院）、École Lenôtre（法国雷诺特厨艺学院）、Paul Bocuse（保罗·博古斯厨艺学院）、ENSP（法国国立高等甜点学院）、Le Cordon Bleu（法国蓝带厨艺学院），实际走访后，最后选择了École Lenôtre，当时这所学校同有6位MOF授课，阵容相当惊人，但困难的是，学校在郊区，而且只有纯法语授课，所以学起来非常吃力。

在法国求学时，吃遍了甜点店、面包店、餐厅和冰淇淋店，每次享用时总会思索这些食物背后主厨想传达的理念，最后发现，只有冰淇淋是单纯又直接的；吃冰时总是能非常愉悦地选择自己所爱的，既没有华丽装饰，也没有奇特外形，就是这么朴实，可以放空、默默地把冰吃完，完全不用过分地去思考，品尝一种直球对决的味道！回想起来，原来这才是最初的感动。

然而在很多人眼里，冰淇淋师傅一直不算是一个正式职业，你可以想象甜点师傅、面包师傅、中餐厨师、西餐厨师，但从来不会有一个选项是冰淇淋师傅。回到台湾之后我依然从事西点工作，因缘际会下，开始了冰淇淋的推广教育，才发现冰淇淋在台湾地区的资讯是如此缺乏，唯一学习的途径就是来自外埠的讯息，必须投入更多心力整理归纳，在那之后，我几乎放弃了西点相关的进修学习，而对冰淇淋投入前所未有的努力。

我们的生活中，在超市、餐厅、咖啡店……都有各式各样的冰品种类，然而仔细想想，其实我们对冰的认识一直很少。冰到底是什么？冰是怎么做出来的？冰的味道质地有哪些差异？冰品很单纯，使用素材少，放什么就能吃到什么，相对的风味也更真实。而在单纯的背后，其实有更多关于冰品的原理，值得更进一步去认识它。

法国的烘焙体系里包含四大类：西点、面包、巧克力和冰淇淋，它们各是一门独立的专业技术，而我觉得冰淇淋充满魅力，在它平凡无奇的外表下，蕴含着能一口征服人心的力量，让我一头栽入其中，不断地思考，不断地练习，当越深入了解食材，越能制作出自己所想的风味。

我想通过此书传达冰的乐趣给大家，并提起大家的兴趣，不管你是在冰淇淋之路刚起步，还是已有一定基础，都能在书中找到有趣的资讯，或许在开始制作后的每一个阶段中，都能有所启发，无论是风味上的调整，还是其他特殊的灵光一现。此书汇整了我多年的经验与心得，最希望提供的是制作冰淇淋的方向，而不只是照着配方走；当了解冰的结构概念后，先思考想要呈现什么风味，什么样的味觉体验，进而试着设计出自己的配方。冰淇淋是面镜子，将诚实反映出对食材的认识。别人没做过的事，更要勇敢试试看。

在此特别感谢一直以来不吝给予我鼓励的朋友，以及协助校稿的伙伴们，一本书的完成真的很不容易；特别感谢果多设计总监、摄影师干智安及总编辑许贝羚，有你们才让这本书如此完美。更要谢谢Double V（见P11）和Deux Doux（见P11）的伙伴们，在我如此忙碌的时刻都能谨守岗位让我不用分心，多谢你们的倾力相助，让此书能够顺利完成。

而远在法国的MOF们，以及每一位热情支持的大师朋友们，在我跟他们提起书即将出版时，都欣然应允为我写了推荐序，真的非常感动，让我信心大增。相信我，你们一定能从此书获得很多知识。一起来遨游在冰淇淋的世界中吧！

冰淇淋店Double V

留法学习精致甜点的主厨暨创办人Willson，将"W"在法文的发音等同双"V"采用为店名，Double V取其字意为两个"V"，一个"V"是胜利，两个"V"则是顾客跟店家皆共享的双赢！Willson决定将其在法国所学的创意及技巧以冰淇淋呈现，打造个人形象鲜明的店铺。自2016年开业至今，已累计超过500种配方，除了依季节推出的品项，更有根据特选主题推出的变化，例如咖啡、调酒等，展现出冰品世界的细致与宽广，即使是经典的香草，冬夏配方也各有不同，冬天醇厚，夏天清爽。甜点，可以华丽堆叠，但其貌不扬的冰，要的是"致命的一击，在这直率里又展现出体贴入微的细腻"。

甜品店Deux Doux Crèmerie, Pâtisserie & Café

第一家店Double V总是让人充满惊喜和期待，Deux Doux则在2020年以甜点视角打造，使甜点冰淇淋化、冰淇淋甜点化的样貌相互加乘后更立体。融合食材口味与层次，让冰淇淋穿针引线，从视觉到味觉，感受完整的冰点品尝体验。芭菲，与季节同食，优选四时果物，口感层次堆叠，各有独特气韵；冰甜点，则将经典重塑，以冰诠释世界甜点或饮品，是拆解还是重组不容定义，探索冰与食材能塑造的各种质感组合。

目录

PART 1

零下的世界

把不同的原物料混合为冰淇淋液，从液体状态经过杀菌后，同步进行冷却及搅拌，最后变成一个半冷冻的固体，就是冰淇淋了。经由"搅冻"过程，会将原物料混合液中的水分结成冰晶体，而"快速搅拌"则会把空气打进混合材料内，形成半冷冻、半固态的形式。

冰淇淋液是由含水量高的食材、蛋、蔗糖、葡萄糖、香料、稳定剂等材料混合制成，主要包含固体和液体两大类。液体：最主要的就是水分，如牛奶、水果里面都含有很多的水分。固体：蔗糖、葡萄糖、香料、稳定剂，这些都算是固体，当然黄油、牛奶中的脂肪，也归类为固体。

冰淇淋是一个结构复杂的物理系统：在还是液体的情况下，结构包含→液体＋气体＋固体；但是经过冰淇淋机制作成冰淇淋后，结构变成→冰晶＋气泡＋固体。水是唯一能结成冰晶的材料，在变成冰之后，体积也会变大。

冰淇淋最难的不是制作过程，而是一开始配方的设定。
冰淇淋完成后，最后需要存放在冷冻冰箱（−15～−12℃）硬化稳定组织，但要让冰淇淋依然保持柔软、方便挖取，冰箱只能设定一个温度；不过冰淇淋的口味有好几百种，不同的配方比例，其中的脂肪、甜度、固形物、抗冻能力等也不同，因此在设计配方时必须更加考究，才能让不同的冰淇淋配方存放在同一个温度下时都能保有良好的状态。正因如此，冰淇淋制作对于配方比例的调制技术要求相当高，如果不够了解食材特性，便可能发生容易融化、口感粗糙、冰晶产生，或是冰品太硬不好挖取等各种问题。

法国在1978年3月30日，正式将冰淇淋独立为一个专业领域，将烘焙分为四大类：西点、面包、巧克力和冰淇淋。从此，冰淇淋的世界不断扩大，并在烘焙、冷冻产品中逐渐占有一席之地。

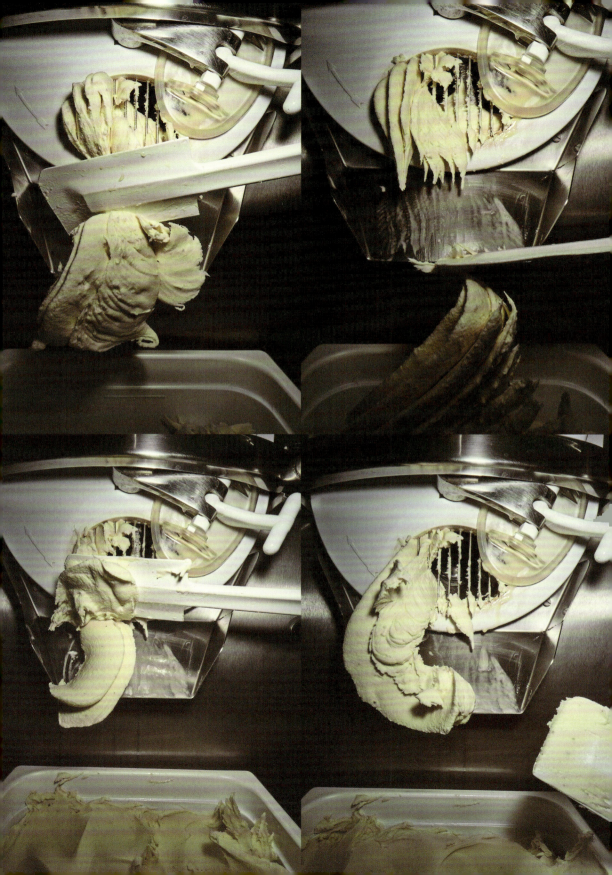

冰淇淋的历史

冰淇淋的起缘众说纷纭，从东、西方的资料记载中，都能隐约看到"冰"或"冰淇淋"的历史演进，至今仍无法肯定究竟是何时出现，但大致可归纳出几种说法。以下为我整理查阅后简要的分享，虽然无法绝对地就此定义冰的起源，但可从中略见端倪。

东方　　**周朝**

《周礼》记载，当时有一个机关叫"冰政"，制冰的人称为"凌人"。冬季凿冰储藏，用新鲜稻草跟芦席铺垫在地窖中，把冰放到上面之后，再覆盖稻糠、树叶等作为隔温材料，然后密封窖口，以此方法储存冰块。

唐朝末期

硝石为制造火药的材料之一，当时人们在使用硝石的过程中发现，原来当硝石溶于水时会吸收大量的热能，可让水因此降温至结冰的程度，于是便开始利用这个原理来制冰。方法是将一罐要制冰的水，放进另一个更大的装满水的容器中，并不断地在容器里加入硝石，借由外层水的降温，使罐内的水也能慢慢地结成冰。

宋朝

《宋史》中也记载，宋孝宗说："朕前饮冰水过多，忽暴下，幸即平复。"可见当时即有饮用冰品的习惯；从其他文字史料也可发现，在这个时期宋朝人已经将冰当作一种饮食。南宋诗人杨万里亦留下一首描述冰品的作品——《咏酥》："似腻还成爽，才凝又欲飘。玉来盘底碎，雪到口边销。"诗中所描述的可能就是早期的冰，不过与我们今日所谈的，加了乳制品或是打入空气的冰淇淋，还是有很大的差距。

西方　　**公元前430年**

希腊人和罗马人用蜂蜜和果汁制作成清凉饮料。

公元前100年—公元前44年

传说中罗马的英雄盖乌斯·尤利乌斯·恺撒（Gaius Julius Caesar）派年轻人跑上山取冰跟雪，与牛奶、蜜酒等混合搅拌后喝下。

1世纪

罗马皇帝尼禄·克劳狄乌斯（Nero Claudius）指使奴隶从阿尔卑斯山将万年雪运下山，与玫瑰花液及紫罗兰花液、果汁、蜂蜜、树液等一起搅碎，做成一种饮品"Dolce Vita"（意大利文中，这个词代表"美好的生活"），置于冰库，等待宴会场合时取出享用，被称为"尼禄的礼物"。

1292年

马可·波罗至中国看见水冰的制作以及保存冰的方法，于是将这个发现带回威尼斯，并写入《马可·波罗游记》，但里面并没有关于冰冻乳制品的文字记载。

至此，由这些历史记录中得到的资讯，大多是保存冰或制冰，并不能说是冰淇淋，我们只能判定前人所饮用、食用的冰品，可能类似锉冰、冰沙，尚无法称之为冰淇淋，是否看作冰淇淋的起源，则见仁见智了。

1533年

凯瑟琳·德·美第奇（Catherine de Médicis）与亨利二世（Henri Ⅱ）结婚，她的厨师团队将雪泥与冰品食谱带到法国，当意大利的冰品传入法国后，很快就被法国厨师们转化与改良。

1564年—1642年

伽利略·伽利雷（Galileo Galilei）为我们现在认知的冰淇淋做出了一大重要发现——吸热反应（Endothermic Reaction），他发现将盐和冰混合后，温度会降低。根据测量，以1（盐）：3（冰）的比例混合，温度可以降到–21℃左右。

1686年

一直以来以贵族为中心，仅供上流阶层才能食用的冰凉点心，在普罗可布咖啡馆（Café Procope）开业后，渐渐开始普及。它位于巴黎第六区的老喜剧院街，被称为巴黎最古老（1686年开业至今）的咖啡馆，由意大利西西里人弗朗西斯科·普罗科皮奥·德·科尔泰利（Francesco Procopio dei Coltelli）开设，供应五花八门的冰品。这间咖啡馆也是当时知识分子常聚在一起谈天思辨的地方，本杰明·富兰克林（Benjamin Franklin）、伏尔泰（Voltaire）、维克多·雨果（Victor Hugo）、拿破仑（Napoléon）都曾到访。据说第一个冰糕配方就是在这里诞生的。

1978年

法国在1978年3月30日，制定了CAP（Certificat d'Aptitudes Professionnelle，职业能力证书）厨师考试。有了正式的认证机制，甜点师（包括冰淇淋师）也正式成为一种职业。

1984年

1851年，美国创立了第一家冰淇淋工厂。美国前总统罗纳德·威尔逊·里根（Ronald Wilson Reagan），于1984年宣布七月的第三个周日为美国的"国家冰淇淋日"，整个七月都为"国家冰淇淋月"。这个节日也被称作"最没有人反对的节日"之一。

认识意式冰淇淋——Gelato

从物理角度来看，意式冰淇淋（Gelato）是一个三种状态共存的产品，
其中包括液体、气体、固体。

水

水分是固体原料的溶剂，也是一个在温度为0℃时，能转换成冰的成分。当水凝固成为
冰时，体积会跟着膨胀，此时若水分和固体的结构比例不正常，则会让冰晶颗粒感变
大，冰淇淋品尝起来就有粉感；此外，各地区的水质，或者使用矿泉水、软水、硬水
等都会产生不同程度的影响。

冰淇淋的大部分成分即为水，因此水的状态，自然会很大程度地影响冰淇淋的风味与
品质。建议选用无色、无味、干净的水，容易取得的水是最为适合的；若使用价格高
昂的矿泉水或是特殊水质的水，会让冰产生特殊风味，相对地，成本也会增高许多。

冰淇淋中最基本的素材——牛奶

牛奶成分中同时包含了水分与固体（脂肪、无脂固形物），是一种略带甜味的白色液
体，气味并不强烈，所以配方中常会再添加奶粉来增加乳香。若要制作牛奶冰淇淋，
使用全脂牛奶最适合（脂肪含量3.5%），也有些冰淇淋制作者会选用低脂牛奶（脂肪含
量1%或2%）、脱脂牛奶或豆奶。

牛奶可使冰淇淋结构滑顺，也会减缓冰淇淋的融化速度，增加蛋白质及其他养分。一
般状况下，多半会使用全脂牛奶，因为脂肪对于冰淇淋而言也是很重要的成分；如果
使用的是脱脂牛奶，那么冰淇淋将会呈现稍微冰凉的口感和较粗糙的质地。

牛奶的各成分含量

单位：%

水	脂肪	乳糖	酪蛋白及乳清蛋白	矿物质	维生素
87.5	3.6	4.6	3.45	0.5	0.35

＊在牛奶中加入柠檬等酸性物质得特别小心，因为其中的酪蛋白成分对酸很敏感，容易造成产品分离的现象。

空气

空气也是很重要的一项！当冰淇淋凝结时，能包覆多少空气，会影响产品的滑顺感和结构。"打发率"即用来表示产品中包覆了多少的空气量。空气能增加柔滑度、使口感更轻盈、使甜度降低，也可让冰淇淋没那么冰凉；风味也会因为空气含量而有所不同（空气含量越高，味道越淡，毕竟空气是没有味道的），跟甜点中慕斯的膨松质地是一样的道理。举例来说，咖啡上面的奶泡温度很高，但是放入口中却没有那么烫，就是因为空气做了一个很好的阻隔。另一个例子：雪和冰块，哪一个比较冰凉？其实是冰块！因为雪里面有空气，如果真的品尝就会发现两者温度的感受有很大落差。

制作冰淇淋时，很多食材都会影响空气的打发率，比如脂肪、糖分、水分……但大多数的冰淇淋机，转速设定都是固定的，无法自行调整（速度越快，打发率越高），若依照正常的配方制作，意式冰淇淋的打发率应该在30%左右。

固体

冰淇淋中常见的固体成分有以下几种：
糖——所有的糖类。如：蔗糖、葡萄糖、海藻糖……
脂肪——动物性脂肪、植物性脂肪。如：鲜奶油、黄油、橄榄油、椰子油……
无脂固形物——维生素、矿物质。如：脱脂奶粉、脱脂炼乳。
其他固形物——其他的固体乳化剂、稳定剂。

冰淇淋材料中的水分会结冰，当配方加入固体成分以后，能使冰淇淋的冻结点降低。试着想象，将单纯的水放置在冷冻库中，会变成冰；但是将固体冰再冷冻，之后还是固体，并不会改变。所以我们会发现，如果将固体溶入水中，那么水结冰的冰点温度就会往下降，而不会只是0℃，这就是大家不太熟悉的"零下的世界"。然而冰淇淋是存放在零下的温度环境中，只要温度有所不同，就会影响冰淇淋的软硬度。

意式冰淇淋的固体组成

冰淇淋的本质很单纯，加什么材料，做出来就会是什么，风味非常真实。
因此，首先要了解的是，意式冰淇淋的配方中，有哪几种基本的固体材料。

→ 糖 　　　糖对于冰的重要性

冰淇淋里绝大部分的固体成分都来自糖，因此糖对于冰淇淋而言，影响非常大。我们
已经知道在冰淇淋中的水会结冰，加了糖之后，则能使冰淇淋冻结点降低，增加柔软
性；而蔗糖则是冰淇淋中最常被使用的糖分种类。

人们总是喜好只用甜或不甜去判断甜品、饮料，但是你知道吗？若少了甜，食物就失
去了风味。

糖对冰的影响

糖用量	甜度	风味强弱	冻结温度	冰晶	光泽
糖多	甜	强	低	小	亮
糖少	不甜	弱	高	大	暗

糖之于冰淇淋，扮演着几个极重要的角色。

甜度：　　　　　为冰淇淋的液体成分带来甜度，糖越多，当然甜度越高。

风味强弱：　　　糖越多，风味就会越强烈，这点是非常重要的，如果一味地减糖，
　　　　　　　　将会让冰淇淋失去风味。以"蒙布朗"为例，你能想象，如果其中
　　　　　　　　栗子馅是不甜的，那吃起来会是什么样的感觉吗？——"甜味"是
　　　　　　　　让整体味道散发的非常重要的元素。

冻结温度：　　　糖归类为固体，固体越多，结冰的温度就越低。糖除了影响冻结
　　　　　　　　点，也会影响冰淇淋的黏稠度与打发率；糖越多，黏稠度就会越
　　　　　　　　高，打发率也会因为糖分较多，空气可以包覆得更多。

冰晶：　　　　　糖度越高，液体的状态就会变得越浓稠，不像单纯的水那么稀，所
　　　　　　　　以相对的，在制冰的时候，就会让冰晶更小，从而减少粗糙冰晶的
　　　　　　　　产生。

光泽：　　　　　糖量越多，冰的表面越光亮。

冰淇淋中的常用糖分

近几年来，因为低糖的趋势，人们开始采用许多不一样的糖来制作冰品，一方面便于调整合适的甜度，另一方面也增加了冰淇淋的多样化。若从经济、操作、储存等方面来考量，目前还是普遍以"蔗糖"为制作冰淇淋的最佳选择。以下为现今常用的糖类，每一种都能为冰淇淋带来不同的效果。

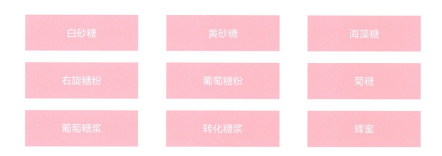

白砂糖	黄砂糖	海藻糖
右旋糖粉	葡萄糖粉	菊糖
葡萄糖浆	转化糖浆	蜂蜜

蔗糖（Sucrose）

蔗糖也称作"砂糖"，由甘蔗或甜菜制成，原始状态为黄褐色，经过不同的制程精制后，即为白砂糖，是冰淇淋最常用的糖类产品。除了容易取得，价格也相对便宜。在冰淇淋中会使用白砂糖或黄砂糖。两者最大的差别在于颜色和风味，黄砂糖会使冰淇淋的颜色偏黄色，风味也会较厚实；若用白砂糖，除颜色干净外，风味也比较干净。

右旋糖（Dextrose）

右旋糖是由玉米淀粉的酶水解衍生的单糖，白色粉末状，甜度比蔗糖低。最大的优势是拥有强大的抗冻能力，但如果添加太多会使冰淇淋过于柔软，产品太冰冷，没有光泽。若以右旋糖取代蔗糖，通常建议最多30%。常用于巧克力类或坚果类的冰淇淋中。（如果要跟葡萄糖分辨，右旋糖吃起来会多一点冰凉感，价钱也比葡萄糖便宜。）

葡萄糖（Glucose）

1 DE值，是Dextrose Equivalent的缩写，葡萄糖当量或葡萄糖值的意思，用以表示淀粉的转化程度。在中国台湾购买葡萄糖产品时，常见的DE值大多在40左右；欧洲会有更多选择，比如DE40、DE60、DE80。

葡萄糖由玉米淀粉所提炼，白色粉末状，通常葡萄糖产品都会标示一个"DE值[1]"，代表葡萄糖当量，常见的产品为DE20～23、DE36～39、DE60～65。一般用于冰淇淋的葡萄糖为DE36～39，糖度较蔗糖低一半，但抗冻能力也较弱，用量如果太多，冰淇淋会过于冰冷。通常添加的量为5%～8%。

麦芽糊精（Maltodextrin）

麦芽糊精也称水溶性糊精或酶法糊精，是DE5～20的淀粉水解产物，大多由玉米制成。拥有较低的甜度，吸水力好，能使产品稳定，也可以帮助冰淇淋打发，而且价格也较便宜，近代冰淇淋师傅常使用这样产品；需注意若使用过多，会使冰淇淋变得黏稠不易化口。

海藻糖（Trehalose）

海藻糖是性质稳定的天然糖类，早期的制作方法成本较高，而后日本林原（HAYASHIBARA）株式会社研发出利用玉米淀粉生产海藻糖[1]的技术，工业化量产后大大降低了成本。海藻糖保湿性强，甜度相当于蔗糖的45%，更可以防止淀粉老化、使产品不易褐变。配方中的砂糖"部分"用海藻糖取代，可以降低甜度；但若完全用海藻糖取代，不仅没有必要，还可能带来负面效果（比如价格高昂，还有松散的冰淇淋结构）。以冰淇淋来说，建议替代分量为砂糖的3%～6%。

转化糖浆[2]（Invert Sugar Syrup）

转化糖浆是一种由葡萄糖和果糖组成的混合物，甜度较蔗糖高一些，但抗冻能力却是蔗糖的将近2倍，因此常用于含有巧克力和坚果的冰淇淋中，使冰淇淋更加柔软，而强大的保湿能力也让它常使用于其他烘焙产品中，以增加柔软性和可塑性。建议使用量为2%～5%。

菊糖（Inulin）

菊糖也称为菊苣纤维，是一种水溶性的膳食纤维。其糖度较低，吸水性强，能够让产品更加稳定，配方中可将部分脂肪或糖替代成菊糖，但不建议添加超过配方总重的1.5%，可能会造成腹泻。

果糖（Fructose）

几乎所有的水果都会有果糖，极易溶于水，使用相当方便。果糖的抗冻效果接近于右旋糖，但是较少用于冰淇淋配方中，因为甜度较高；其甜度约为蔗糖的1.73倍。

1 一般的西点配方中，用海藻糖替换砂糖，比例为砂糖的5%～20%，是比较不会出错的安全值（但因为产品不同，替换的数量也有很大的差异）。

2 蜂蜜是天然的转化糖浆，转化糖浆就像人造的蜂蜜。如果没有转化糖浆，就可用蜂蜜去替换；不过蜂蜜有其独特的香气，可能会影响冰淇淋的风味，在设计配方时记得一起评估是否合适。

→ 脂肪固
　　形物

脂肪

脂肪在意式冰淇淋中的建议范围是4%～12%。

脂肪为冰淇淋里重要的物质，通常来自乳制品（黄油、动物性鲜奶油等，乳制品中含有水分、脂肪与无脂固形物），而植物油则是另一个脂肪来源。

在冰淇淋搅拌的过程中，因脂肪颗粒具有聚集于气泡表面之现象，能增加冰淇淋中特殊的乳香味，增加入口的滑顺感；油脂也能使风味更厚实，量多口感风味会厚重浓郁，量少则口感显得单薄。乳脂中含有少量的磷脂质（Phospholipid），其中以卵磷脂（Lecithin，是天然乳化剂，帮助油水不分离）最为重要，能使冰淇淋更加细腻。

不同油脂的特性

油脂种类	熔点	使用于冰淇淋的效果
植物油脂	3℃以上	较为顺滑，过多则油腻
动物油脂	33～55℃	较为厚实，有口感
氢化植物油	57～61℃	成本较低，较为腻口

选用时可留意不同油脂的熔点，因为各自熔点的温度不一样，会影响冰淇淋成品的化口度。

→ 无脂固
　　形物

无脂固形物

无脂固形物在意式冰淇淋中的建议范围是8%～13%。

无脂固形物由奶制品中的蛋白质、乳糖、矿物质、维生素组成。脱脂奶粉也算是无脂固形物，其中的蛋白质将使冰淇淋更加绵密，能够稳定组织结构。配方中若无脂固形物太少，会使冰淇淋太冰凉；太多则让冰淇淋结构有砂状质地。

冰淇淋中的常用胶体

冰淇淋中的固体除了糖、脂肪外，配方中还会添加的胶体（稳定剂、乳化剂）、纤维等，即为其他固形物。接下来要介绍胶体在冰淇淋里扮演着什么样的角色。

→其他固形物

胶体　胶体常是一个敏感话题，但这个敏感的感觉是因为大家不清楚胶体是什么。以中文名称来看，乳化剂、稳定剂、增稠剂、黏稠剂……这些名词的刻板印象都让人觉得害怕，其实它们都是胶体的一种，如果加以了解就会发现并不可怕，害怕往往来自不了解。

对于现在的冰淇淋制作来说，胶体为产品提供了更好的质量，能增加食物寿命、提升品质，以及使产品更不容易变质。不使用胶体的人，往往一味地排斥与批评，但你会发现时代不断地在进步，总是会有新的素材被开发或制造出来[1]，只要深入去了解这些材料的效用，就能更清楚地判断是否需要使用与如何正确使用。

稳定剂　稳定剂又称黏着剂、糊料等，具有高度的保水（吸水）性。冰淇淋中的水分其实并未完全冻结，所以很容易受到温度影响，升温冰就会融化，降温即再次冻结，而稳定剂能够吸收部分融化的水分，防止再次冻结时产生大块的冰晶，能使冰淇淋的结构更密实，保持产品的一致性。少量使用对于风味并无影响。

乳化剂　简单来说，乳化剂的作用即将水和油均匀化。就物理特性而言，油、水就像磁铁的两极，永远会相斥，静置了几分钟，它们还是再度分离成油和水。要让油、水能结合，最容易的方法就是加入界面活性剂，而油和水混合的过程为乳化，所以称作乳化剂。

有一种乳化剂是每天最常看见的，那就是肥皂。此外，乳化剂在自然界中也相当普遍，例如"蛋"，蛋黄成分中含有"卵磷脂"，是一种天然的乳化剂，能帮助水和油脂结合。

1　按照台湾地区相关部门的规定，

将以下分为第（十二）类黏稠剂：海藻酸钠、羧甲基纤维素钠、卡拉胶、黄原胶、结冷胶、海藻酸

将以下分为第（十六）类乳化剂：果胶、瓜尔胶、槐豆胶

每一年规定都会稍微做修改，或是有新增的食品添加物。

在意式冰淇淋的成分中，一般约含有65%的水、4%～12%的脂肪，还包括了糖，为了避免各式不同的材料产生分离、沉淀、塌陷、冰晶，所以会加入不同特性的胶体作为介质，让冰淇淋中的各种材料能很好地结合，从而更加稳定，使冰淇淋从制作后直到客人手里，都保持一样的状态，质地不至于分离。

乳化剂有从动物脂肪制作的甘油酯，也有从大豆中萃取出来的卵磷脂。然而冰淇淋原本使用的材料中，就含有很多天然乳化剂，如：乳蛋白质、蜂蜡、卵磷脂，所以就算不使用额外的乳化剂，仍可做出良好的产品。但是这就关系到食物寿命的问题，天然的材料会随时间快速衰败，很有可能再度出现分离的情形，对我而言出现分离就是食物已变质了。

最具代表性的天然乳化剂——蛋黄

蛋黄中的卵磷脂是一种优良且天然的乳化剂，在经过加热后所产生的凝结力，可使冰淇淋更加稳定。早期，并没有动物性鲜奶油或胶体，制造出来的冰品并不像现在这么细腻滑顺，但是法国人发现，加入蛋黄能使冰淇淋风味更加扎实浓郁，最主要就是因为蛋黄里有卵磷脂，可帮助冰淇淋乳化、使油水不分离，使风味更加厚重，是一种天然乳化剂。

然而现今，除非是想要表达一些特殊的风味，不然已经越来越少的师傅愿意使用鸡蛋制作，取而代之的是鲜奶油。其中有几个考量因素：

* 价格较高，并且需要花时间将鸡蛋中的蛋清、蛋黄分开取出；只使用蛋黄，又会多出蛋清的部分需要处理。（制作冰淇淋时通常不会添加蛋清，因蛋清里90%的重量来自水分，其余重量则是蛋白质、微量的矿物质、脂肪物质、维生素及葡萄糖。）
* 使用鸡蛋制作，必须切实做好杀菌。若以人工加热的方式杀菌，可能衍生出容易煳锅的情况，导致整锅冰淇淋液体报废。
* 加入蛋黄之后，自然会影响冰淇淋的颜色，使其偏向鹅黄色。
* 使用蛋黄制作配方时，如果使用不当，也会使味道过于浓厚、不清爽。

冰淇淋中的常用胶体[1]

动物性胶体	植物性胶体
吉利丁（Gelatin）	海藻酸钠（Sodium Alginate）
	卡拉胶（Carrageenan）
	瓜尔胶（Guar Gum）
	槐豆胶（Locust Bean Gum）
	琼脂（Agar）
	羧甲基纤维素钠（Carboxymethyl Cellulose）
	阿拉伯胶（Arabic Gum）
	卵磷脂（Lecithin）

吉利丁 从动物骨头或结缔组织所提炼出来，大部分呈透明黄褐色，品质较好的吉利丁会经过去腥脱色，使用前需要让它先吸收水分变软后再操作。吉利丁为熔点很低的胶体，大约35℃就会成为液态，4℃左右会慢慢凝结成固体，切勿将吉利丁煮滚，否则会失去凝结力。而酸性食材也会减弱胶体的强度（pH4以下都算是酸的），就必须加强吉利丁的浓度。再者添加的水果若含有消化酶（凤梨、猕猴桃、木瓜等），也会使吉利丁失去效果（必须添加增量的吉利丁）。

海藻酸钠 是一种天然多糖，通常运用于稳定或乳化，增加稠度，易溶于水；应避免直接加于水中，会很容易结块，通常使用的时候，会先将它跟其他的粉类混合，再一起加入水中。

卡拉胶 又称鹿角菜胶、角叉菜胶、爱尔兰苔菜胶，从海洋红藻中提取的多糖的统称。具有亲水性、黏性、稳定性，30℃时为凝胶状态，40～75℃时会融化，食品工业广泛使用卡拉胶作为增稠剂及稳定剂。

瓜尔胶 黏稠度高，保湿性好并且相容度高，可和琼脂、果胶、卡拉胶等胶体一起使用。

槐豆胶 天然产物，乳白色粉末，无味，无臭。易溶于水，具有帮助乳化、稳定产品、增加黏稠性等作用。对冰淇淋来说，可以增加膨胀，减少冰晶的产生，让口感软而持久。瓜尔胶与槐豆胶常一起添加在冰淇淋中，用来提升冰淇淋的外观质地，并且减少冰淇淋的融化状况。

[1] 大部分的胶体都是需要加热的，建议在制作冰淇淋时，将胶体和其他粉类混合后一起加热，让它发挥最大功效。

琼脂   由红藻提炼而来，市面上常见的有粉状、条状、块状等不同形态。一般用于布丁、果冻、茶冻等产品。必须煮滚使用，冷冻后会有出水情形，口感也较为硬脆。

羧甲基纤维素钠   黏稠度高，拥有优良的保水效果，为粉末状物质，不管是放在热水或冷水中，都很容易溶解。与水溶性胶体均能互混共溶。

阿拉伯胶   能降低液体的表面张力系数，使饮料得以包覆二氧化碳，可以延长风味并防止氧化，但是吃过多会造成胀气。

卵磷脂   它是两亲性的，既可以抓住水分也可以抓住油脂，通常来源于大豆、鸡蛋，因此可能是植物性或动物性胶体。可以降低水的表面张力，使油脂和水能更好地结合。

1 E编码/E number：是欧盟对其认可的食品添加物所设编号，可见标注于食物标签上。

编者注 并不是所有E编码食品添加剂在所有国家和地区都被批准用于食品。使用前请先上中华人民共和国国家卫生健康委员会官网查询。

常见的胶体种类

胶体名称	来源	E编码[1]	素荤	作用温度
海藻酸钠（Sodium Alginate）	海藻	E401	素	35～55℃
海藻酸铵（Ammonium Alginate）	海藻	E403	素	35～55℃
琼脂（Agar）	海藻	E406	素	30℃
卡拉胶（Carrageenan）	爱尔兰红藻	E407	素	80℃
槐豆胶（Locust Bean Gum）	刺槐树	E410	素	45～50℃
瓜尔胶（Guar Gum）	瓜尔豆	E412	素	30～40℃
黄原胶（Xanthan Gum）	玉米淀粉	E415	素	10～80℃
苹果果胶（Apple Pectin）	苹果	E440	素	30～40℃
吉利丁（Gelatin）	动物	E441	荤	25～40℃
甘油三酯（Triglyceride，简称TG）	动物/植物	E471	荤/素	45～50℃
菊糖（Inulin）	菊苣	—	素	—

上面介绍的都是单方的胶体，市面上不容易买到，并且多是大容量包装；再者，因每种胶体都有特殊作用，其实很少只用单方，多半都会直接选用复方胶体。因冰淇淋在意大利的制作技术已相当成熟，很多厂商皆开发出复方胶体，建议可依产品上标示的添加比例来使用，并确认是否需经过加热。

胶体的作用温度

为了让冰淇淋中的胶体完整发挥作用，要特别注意各种胶体的作用温度，然后再进行加热。

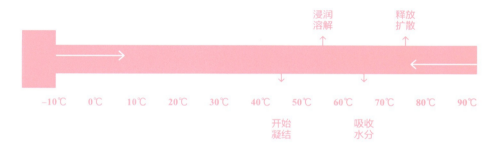

冰淇淋各材料的影响

材料种类	影响
水	结冰来源。若配方不正确会使冰晶粗大
脂肪	使质地滑顺、口感丰富、味道浓郁。会影响打发程度，太多会使口感厚重腻口
无脂固形物	养分来源、改善质地。太多会让冰淇淋有颗粒感、粗糙感
糖	风味强烈、最多的固体来源。太多会过甜或使冰淇淋太软
蛋黄	质地扎实、风味厚重。易有蛋黄腥味，需注意卫生杀菌问题
胶体	使冰淇淋质地圆滑，延长保存期限。太多会过于黏稠、不易融化

材料的品质决定风味

冰淇淋是一个很真实的东西，所有风味都会直接表现在产品上。只有熟悉食材的最佳使用时期，才能释放刚刚好的香、甜、苦、酸、涩；又如水果在不同的成熟度时，所呈现出来的果香滋味也不同，并不是甜就好，唯有深刻理解食材，方能依想要表现的风味，做出刚好的设计。

挑选合适的设备

每台机器的性能一定会因品牌不同，所侧重的方面（比如制冰速度、清洗的方便性、价格等）也不一样，如何挑选适合自己的机器，也是很重要的。

纯熟的加工技术

一个成功的配方，取决于希望冰品如何呈现，并没有绝对的比例。水果成熟度的选择、水果加热与否、各食材间怎么配比……当冰淇淋制作者能将风味的想法通过精准的技术实现时，让人难忘的冰淇淋便呼之欲出。

温度与保存的关系

保存是冰淇淋很重要的一环，如果在温度的管理上出了问题，那么冰品很容易出现有冰晶的情况，就会影响入口的质地。

* 在榨压水果时稍微加热，可以使果皮精油的味道更容易被萃取出来。

风味的秘密

盐

一点点咸味可以更凸显其他原料的风味，让其他味道变得更加明显，使花草的味道更有层次感，还有些许压抑苦味的效果。最常见到的例子就是咸焦糖这个口味，盐会增加甜味并且压抑部分苦味，使得咸焦糖风味变得更有深度。

酸

除了柠檬之外，也有越来越多人使用醋（果醋或葡萄酒醋）带来酸味，不仅能让冰淇淋的颜色更加鲜艳饱满，也能让风味层次感更佳；不仅如此，适度的酸味会带着果香，让人产生出乎意料的感受。比如在很多水果雪葩（Sorbet）中，都会添加些许柠檬汁。

冰淇淋的制作流程

冰淇淋整体的制作流程，主要分成三大阶段。

→ 第一阶段　　**将材料混合成冰淇淋液。**
　　　　　　　→又分为两种混合方式：热制作（加热）、冷制作（不加热）。

再将冰淇淋液均质。
→均质是为了让冰淇淋中所有的成分能够更加均匀。

静置（老化熟成）。将均质完的冰淇淋液，冷藏至少6小时。
→让冰淇淋液体中的风味，能够更好地融合、更加饱满。

热制作

为传统意式冰淇淋的标准做法。无论是手工加热还是使用机器加热冰淇淋液，都是为了让食材释放更多味道，使整体风味更加浓郁厚重，使配方中不同性质的材料能充分融合。加热也是彻底杀菌的唯一方式；在早期因科技较不发达，乳制品不像现代那么卫生干净，再加上较常使用生蛋黄，所以一定要经过加热杀菌的步骤。

冷制作

将所有食材混合后，均质，就直接制作冰淇淋，不经过加热过程，称之为"冷制作"。现今的牛奶和许多食材，基本上都能直接食用，不需担心食用安全，因此制作方法能变得更容易、更快也更方便。

均质

冰淇淋液的均质是使用机器进行的，通过能让液体均质细化的设备，将在液体中的颗粒粉碎成很小的尺寸，使产品稳定、更具一致性（即让液体里面的所有分子能够更均匀地散布）。

在制作冰淇淋液的过程中，里面的油脂经过加热后，脂肪球会散乱在液体之中，浮在表面，为了让这些散乱的脂肪球，更均匀地散布在液体里，所以要经过"均质"这个步骤。均质后能使液体中的脂肪球细化，也让食材更为均匀、更加细腻。如果忽略这个步骤，一样能制作出冰淇淋，但成品可能就会有明显的粗糙感。

老化熟成

将冰淇淋液均质后，需再静置至少6小时，再来制作冰淇淋。"熟成"是影响冰淇淋品质很重要的过程，能让味道更具层次感，刚做好的冰像年轻小伙子，经过静置熟成后，就会转变为更加温润细致的质感熟男。

很多食品其实都会经过熟成，例如：酒、酱油、味噌、奶酪、咖喱……通过"熟成"，可以使内含的食材变得更圆润，整体味道也更加饱满、丰富。对于冰淇淋而言也是，经过老化熟成，除了能让蛋白质吸水外，胶体也会开始发挥作用，使冰淇淋不容易产生冰晶，风味趋向稳定、圆融，结构也会变得更扎实。

→ **第二阶段**　**将冰淇淋液倒入机器制作成冰。**
→ 一边拌入空气、一边冷却的制冰过程。

制冰

制冰是把冰淇淋液体制作成冰的过程。在机器中，搅拌、结冰、拌入空气会同时进行。冰淇淋机的原理，是使用压缩机让搅拌缸壁变得非常冰冷，当冰淇淋液接触到表面后就会立刻结冰，接着在刮刀持续的旋转搅拌下，把结冰的冰淇淋不断刮下，重复这个循环：结冰、刮下、结冰、刮下……并在搅拌过程中，将空气拌入，最后得到的半冻固体，就是冰淇淋了。

制作时间、冷冻力和搅拌速度都关乎机器的性能差异。在–5～0℃之间，此阶段被称为"最大冰晶生成带"，如果度过时间过长，就会形成过大冰晶，导致品质粗糙，而这里影响最大的关键就是所使用冰淇淋机的性能，其决定了机器是否能快速地度过最大冰晶生成带，制作成冰。

→ **第三阶段**　**通过冷冻，将冰淇淋降温至适合食用的温度。**
→ 将刚完成的冰淇淋放置于冷冻冰箱，使它快速定形，以达到适合食用的温度。

冷冻

刚制作完的冰淇淋，温度通常会落在–8～–5℃，这时还不是一个稳定状态，必须将它移至低温的冷冻冰箱里，通过"急速冷冻"使温度快速降到–15～–12℃，让冰淇淋的结构更完整，这样才能拿来出售、食用。

那么，为什么不在冰淇淋机中就直接降温至可出售的温度呢？这是因为，如果降到出售温度，冰淇淋会呈现出一种很坚硬的状态，冰淇淋机就无法再进行搅拌，所以会设定在–8～–5℃，在冰淇淋还是柔软的状态下进行装盒。

水为什么会结冰？
大部分的科学资料中，将标准大气压下的水能结冰的冰点定为0℃。水在室温下是液体，简单来说，水分子由一个氧原子和两个氢原子构成，最外层有两个孤对电子，就像一个米老鼠的形状。随着温度降低，水分子会发生相变而开始凝结，持续地凝结到完全冻结，即成为冰晶。水是这个世界上最神奇的物质，当水结冰时，体积会增加约9%，质量不变，密度变小。

A 急速冷冻的作用

急速冷冻[1]可以让冰淇淋周围快速冻结，防止空气跑走后冰淇淋产生凹陷。上面有提到，冰淇淋刚制作出来时是很不稳定的状态，如果在这个阶段，没有快速地把水分都冻结，包覆的空气自然就会流失掉；而这些不稳定的水分，如果让其慢慢结冰，冰晶的结构就会变得比较大，相对地也会影响最后冰淇淋的口感。

1 当添加了其他食材（果酱、坚果）时，冰淇淋会融化得特别快，也需要急速冷冻来快速冻结。

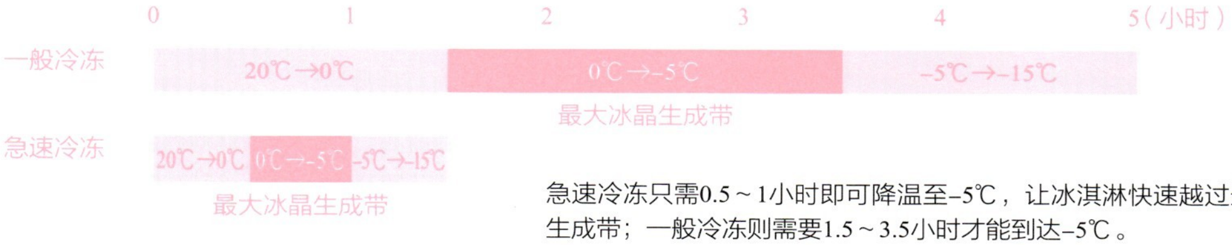

急速冷冻只需0.5～1小时即可降温至-5℃，让冰淇淋快速越过最大冰晶生成带；一般冷冻则需要1.5～3.5小时才能到达-5℃。

冰晶对产品的影响

冰晶越大，口感越粗糙。为避免因缓慢冻结形成大冰晶、损坏产品组织，而使产品品质下降，所以在制作冰淇淋之前，每个环节都很重要，从配方到制作、保存，最后出售给消费者，只要有一个环节没有注意到，就会直接反映在产品上，冰淇淋就是这么直接。

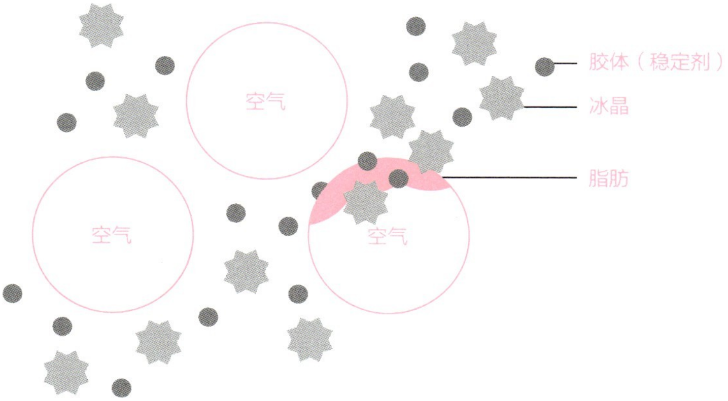

* 从左图中可以看到，水变成冰晶之后，会和胶体、脂肪均匀地散布在气泡四周，包覆着空气。

B 慢速与急速冷冻比较

慢速冷冻（–20℃，一般冷冻冰箱）

因为冷冻的温度较高，所以要使冰淇淋完全凝结，变成稳定的状态，需要较长时间，冰淇淋可能因为冻结的速度不够快，而造成空气流失，会有些许的塌陷情况，当然水分也会因为冻结的时间较长，让冰晶变得较大。

急速冷冻（–30℃或–40℃，商用冷冻冰箱）

因为冷冻的温度较低，可使冰淇淋表面更快速结冰、不易塌陷，变成稳定状态，冻结时间较短，冰晶的产生也相对较小。此外，在高级的急速冷冻设备上，冰箱内的风扇是以向内吸风的方式制冷，使冰箱内的冷度循环更均匀，有别于一般冰箱为直接吹风的方式，可以让食物不会因为吹到风而快速干燥。

> 其实很多师傅在使用急速冷冻时，都会有一个错误的观念，认为只要温度越低，结冰的速度会越快，其实不然，如果一下子温度开得太低，当表面结冰之后会形成厚厚的一层冰层，反而抵挡了外界的温度，使得中心需要花更长的时间才能彻底冻结。而且如果温度开得很低，当室温跟冰箱里的温差过大时，反而很容易把室温中的水分吸到冰箱中，而变成冰霜，造成急速冷冻冰箱里会有很多的冰霜产生，影响到产品。

保存

意式冰淇淋出售时的温度，一般设定为–15～–12℃，然而保存温度会落在–30～–20℃。很重要的是，不要让冰淇淋处于温差过大的环境中，所以最好的保存方式，就是存放于恒温冰箱，传统的卧式冰箱在保存上会优于直立式冰箱。存放于不用除霜的冰箱是最佳的。

> 试想，因空气中的水分都会往最冷的地方去，因此只要温差超过7℃，较冷的物体上即会产生水珠（这就是空气中的水分），也因为这样，当从冰箱拿出一杯水，在室温下杯壁很快就会布满水珠，这时候若再把水杯放到冷冻库，杯壁上的水珠就会凝结成颗粒状的冰晶。正因如此，若保存不当，冰淇淋就会产生许多碎小的冰晶。

A　需注意的微生物

冰淇淋的制作过程中，只有在前段制作冰淇淋液时有加热杀菌的步骤，当制成冰淇淋后，就不会再有杀菌的过程；所以到了后段做填装、挖取时，很有可能因为器具不干净、保存环境不好，而有细菌感染的可能，以下几种是在冰淇淋中较常见的。

需注意的微生物

微生物	防治方法
大肠杆菌 （ *Escherichia Coli* ）	在冰淇淋中，若使用鸡蛋最容易发生。本菌耐热性差，一般烹调温度即可杀死本菌。请保持良好的个人卫生
李斯特菌 （ *Listeria Monocytogene* ）	主要通过食品和水等媒介感染，需加热至72℃以上才可杀死，牛奶及乳制品要彻底杀菌
沙门氏菌 （ *Salmonella* ）	保持工作环境的卫生，防止鼠、蝇、蟑螂等病媒进入工作场所，以及猫、狗、鸟等宠物。冰淇淋中通常发生于未彻底杀菌的鸡蛋与蛋制品，制作过程中务必彻底消毒，并定期做场所消毒
葡萄球菌 （ *Staphylococcus* ）	工作时应戴帽子及口罩，并注意手部清洁及消毒，如果有伤口，应避免接触食物。请保持良好的个人卫生

B　巴氏灭菌法

为什么要加热杀菌？所有食材在经过加热后，会释放较多的风味香气出来，而许多常用的胶体，也需要通过加热才会发挥出较大的功效；如前面提到，大多数的细菌经由加热后就会被消灭，因此加热是制作冰淇淋很重要的一环。

"巴氏灭菌法"为法国生物学家路易·巴斯德发明的消毒方式，他发现将酒短暂加热到62～65℃后，可以杀死其中的微生物，让酒不易变酸，并且也不会因为加热而影响酒的风味。后来这种方式即以巴斯德的姓氏命名，称为"Pasteurization"。现今我们大量使用此方式来消毒，奶类、蛋类、蜂蜜、啤酒、果汁等食品都适用。

目前，杀菌法根据加热温度高低，可分为四大类：

低温长时间杀菌法（Low Temperature Long Time, LTLT）
高温短时间杀菌法（High Temperature Short Time, HTST）
宽松高温短时间杀菌法（Higher-Heat Shorter Time, HHST）
超高温瞬时杀菌法（Ultra High Temperature, UHT）

依食品类型，各自的杀菌温度与时间条件也不同。以牛奶杀菌为例，"低温长时间杀菌法"为63℃加热30分钟，"高温短时间杀菌法"为72～75℃、保持15～16秒，由于此两种温度较低，能保留较多的养分，也让风味最趋近于原味。

"超高温瞬时杀菌法"则是现今中国乳品工厂大多采用的方式，经由高温瞬间加热，会使得牛奶更加香醇，但对于欧洲或日本等其他地区来说，他们更偏好清爽的风味，所以有时候在超市买到不同产地的牛奶喝起来会有很大的差异，正是因为杀菌方法也会改变牛奶的风味。

"宽松高温短时间杀菌法"是最常用于冰淇淋的方式，需加热到85～90℃，温度更高，但能更彻底地降低生菌数，增加工作效率（但会损失较多的营养）；接着快速冷却至4℃，必须快速降温，度过细菌滋生的温层带；由于不会杀死所有微生物，因此必须冷藏。

理解了冰淇淋制作的流程与概念后，那么，意式冰淇淋（Gelato）与雪葩（Sorbet）两种冰淇淋有什么差别呢？意式冰淇淋的脂肪含量通常在4%～12%，强调新鲜、低脂与绵密的口感；而雪葩常被认为是不加牛奶的，这只对了一半，其实"零脂肪"才是雪葩最重要的定义，它的主要材料以新鲜水果为主，讲究风味清爽。

→ 意式冰
淇淋的
制作

以下示例，以加热的方式来制作，除了让冰淇淋风味更加明显，也能做到彻底杀菌。大部分的冰淇淋做法其实都是差不多的，很多时候差别在于食材是否经过加热及食材的添加顺序，这些都会直接影响成品。

A	脱脂奶粉	35g
	蔗糖	110g
	葡萄糖粉	85g
	右旋糖粉	20g
	胶体	5g
B	全脂牛奶	545g
	乳脂35%的动物性鲜奶油	170g
	蛋黄	30g
	总重	**1000g**

1 依配方表将所需材料精准地称好，备用。将材料A（即所有干料）混合均匀。
2 将牛奶、鲜奶油、蛋黄混合均匀，加热至45～50℃，之后加入步骤1拌匀的材料。→边加边搅拌，避免结块。
3 继续加热至85℃。→为了杀菌，也是为了让味道释放。
4 彻底均质。→为了让所有食材能更加融合。
5 快速降温至5℃后，放置冷藏约6小时，老化熟成。→快速地度过细菌滋生带，常用方法为隔冰水降温。
6 冷藏取出后再次均质，之后放入冰淇淋机中制冰。→在静置过程中，部分食材会沉淀，因此需要再次均质，这个步骤可以让冰淇淋更加细腻绵密。
7 变成冰淇淋之后，快速放入急速冷冻冰箱，确保品质。如果可以，–35℃为最佳，冷冻15分钟左右，再储存于–30～–20℃的冰箱中。→如果是家用冰箱，就直接放入冷冻室，直到冰冻为止。

在制作雪葩时，也会经过一个加热过程，虽然说水果大部分是可以直接吃的，但是加热除了杀菌之外，也是为了让其他材料更加融合于水中，比如胶体通过加热能够发挥最大的效用。

→雪葩的
　制作

我们通常会希望水果不加热，保留更新鲜的风味、更鲜艳的颜色，然而部分水果加热后味道确实会更浓郁，如椰奶、蓝莓、混合莓果等，而水果的加热与否，还取决于制作者的考量，并没有绝对的做法。

A	蔗糖	145g
	葡萄糖粉	30g
	胶体	5g
B	水	220g
C	草莓	600g
	总重	**1000g**

1　依配方表将所需材料精准地称好，备用。将材料A（即所有干料）混合均匀。
2　将水加热至45～50℃，之后加入步骤1拌匀的材料。**→边加边搅拌，避免结块。**
3　继续加热至85℃。**→为了让食材更加融合、杀菌，也是为了让胶体产生作用。**
4　降温至20℃，再加入材料C，均质均匀。**→为了不让水果受到温度影响，并且让所有食材能更加融合。**
5　放置冷藏约6小时，老化熟成。
6　冷藏取出后再次均质，之后倒入冰淇淋机中制冰。**→在静置过程中，部分食材会沉淀，再次均质，这个步骤可以让冰淇淋更加细腻绵密。**
7　变成冰淇淋之后快速放入急速冷冻冰箱，确保品质。如果可以，–35℃为最佳，冷冻15分钟左右，再储存于–30～–20℃的冰箱中。**→如果是家用冰箱，就直接放入冷冻室，直到冰冻为止。**

→　提示
　　如果使用杀菌机（冰淇淋设备），可以让材料轻松混合；但如果是人工以锅加热操作，每次加入材料后，必须搅拌均匀，在过程中也必须不断搅拌锅底，避免煳锅。

冰淇淋的配方计算

很多人觉得做冰淇淋最难的是计算配方，好像只要学会了计算，就能做出冰淇淋，如果算不出来就无法制作，到底计算的目的是什么呢？

→ 固体和
　　水分的
　　关系

在冰淇淋的成分中，水分和固体比例非常重要，必须达到一个平衡，冰淇淋才能成形，如果比例不正确，就会呈现粗糙的口感，或发生无法冻结之类的状况。

简单来说，冰柜只能设定一个温度，但冰淇淋店可能已经开发出100～200种口味，也就是说，当这些口味放在同一个冰柜里，软硬度是要一致的，若状态太硬或太软，都会造成出售或保存上的困难。也就因为如此，我们才需要学习计算，让各种口味配方的结构，都符合存放温度的平衡比例。

而计算结果不会是最终配方，还是得制作出来，才能调整修正，理解比例概念，知道如何判断水分和固体的平衡关系，往后就能依照每次想要的成品设定，做出接近自己所想的成品。"材料的比例计算"对于制作意式冰淇淋很重要！

这里解说的是意大利制作冰淇淋的标准方式，没有绝对，每个国家或区域、每个人都可以有自己的做法，以下提供的说明，只是帮助你找到一个基准点，能够做出成形的冰淇淋，做出来之后再依所处的现实环境（气候、物理、人文），调整甜度、脂肪、风味、特色等。

正常来说，意式冰淇淋在出售的时候温度会是–15～–12℃，而此时水和固体的平衡区间为：

–15～–12℃时，水和固体的平衡区间

成分	意式冰淇淋	雪葩
固体（固形物）	32%～42%	26%～34%
水分	58%～68%	66%～74%

先记下这些，接着会再详细说明，怎么使用和怎么计算。

→ 雪葩的
　　平衡

雪葩中因为不含油脂，所以在计算配方时相对简单，我们只需计算出水与固体的平衡，即可让雪葩在食用时，风味更好地释放，挖取时也能轻松不费力，并且质地拥有良好的延展性，因此务必学会计算的方法。

水果为雪葩的主轴，也是风味来源，因此第一步必须先设定水果的使用百分比，算出水果中含有多少的固体，才能依照上表的建议比例，往下算出其他材料，从而符合雪葩的平衡。

第一步　首先设定下列条件

1 设定"水果"的百分比

→ 可参考附表3（P69），落在25%～60%。

2 设定"固形物"的百分比

→ 正常添加范围为26%～34%。

3 设定"胶体"的百分比

→ 胶体会因为使用品牌而有不同的添加值，可依产品标示的建议用量。

4 设定想要添加的其他"糖类"的百分比

→ 添加比例范围是1%～5%。

假设

1 设定总量	→	100%	→	1000g[1]
2 设定水果	→	60%	→	600g
3 设定固形物	→	30%	→	300g
4 设定胶体	→	0.5%	→	5g
5 设定葡萄糖粉	→	5%	→	50g

1　1000是一个最常使用的数字，也比较容易做计算。

第二步　表格中先填入上列数值后，接下来，即可逐一计算出需要加多少"水"和多少"糖分"。

用料配比表　　　　　　　　　　　　　　　　　　　　　　　单位：**g**

材料	重量	水	糖分	其他固形物	固形物总和
草莓	600	522	54	24	78
水	168.5	168.5			0
糖	176.5		176.5		176.5
葡萄糖粉	50	9.5	40.5		40.5
胶体	5			5	5
合计	1000	700	271	29	300
百分比	100%	70%	27.1%	2.9%	30%

表上的黑色数字由我们自己设定，红色数字则是经由计算所得知的结果。如果你对于食材的成分特性越了解，那么设定出来的成品就会越接近你所想要的味道。然而一开始在设定方面，还是会先给大家一些建议值，等你越做越熟练之后，就能从中做出很多变化。

首先必须知道水果的固形物含量（大部分来自其中的糖分），最精准的方式是用糖度计测量，如果没有也可以参考附表2（P68）。

草莓的固形物为　糖9%、其他固形物4%（参考P68附表2得知）

600	×	9%	=	54（g）	→ 草莓里面的糖分
600	×	4%	=	24（g）	→ 草莓里面的其他固形物
54	+	24g	=	78（g）	→ 草莓里面的固形物总和
600	−	78g	=	522（g）	→ 草莓里面的水分

葡萄糖粉的固形物为　糖81%（参考P67附表1得知）

50×81%＝40.5（g）　　　　　　　　　　　　　→ 葡萄糖粉里面的糖分
300（固形物总和）−78−40.5−5　　=　176.5（g）→ 糖量
1000（总重量）−600−176.5−50−5　=　168.5（g）→ 水量

如此计算，配方就出来了。

→ 意式冰淇淋的平衡

意式冰淇淋的计算会比雪葩困难许多，因为成分中多了"油脂"，光多了油脂其实就会产生很多变化，而计算的意义在于能够帮我们做出第一桶冰，当什么都还不会时，很容易做出状态不正常的冰淇淋，只能土法炼钢，一点一点测试各种变因，这时候，学会基础的计算，至少可以先制作出一个状态优良的冰淇淋，或许风味上不是很理想，但有了第一步，接下来再通过几次调整，最后一定能完成风味和状态都是自己很满意的冰淇淋。

为什么做冰淇淋时需要了解这么多食材、这么多的理论以及各种数值？
因为很多数值都会对冰淇淋带来不同的影响。

比如：水和固体的数值　　→会影响冰淇淋的软硬度。
　　　脂肪的数值　　　　→除了影响冰淇淋软硬度外，也会影响风味的浓郁程度。
　　　糖的数值　　　　　→会影响冰淇淋的甜度。

了解这些数值的意义，其实就是为了让我们能更有方向地创造自己的风味或独特的配方。

现今冰淇淋的三种计算方式

每种方式各有不同的诉求与目的。第一种方法最为繁复，也必须记下一些公式才能求得数值。后两种为目前的主流算法，经过许多人不断研究，已将复杂的计算简化很多，而达到近乎相同的效果，让更多人能够越来越简单地了解冰淇淋领域。

A 最为传统的精密计算

主要用来创造新的冰淇淋配方，有既定公式，算式最为复杂，必须很了解所有使用的食材和自己想要呈现产品的方向，才能掌握所有计算的细节。

B 冰淇淋的固形物计算

当取得一个配方后，如何知道适不适合自己，就可以通过"固形物计算"来了解这个配方的质地状态，比如：脂肪的多少、甜度的高低，或者是软硬度。而不用等每个配方都实际做出来才知道是否符合需求，熟练之后，即可依自己的想法更改配方。

C 冰淇淋的抗冻能力计算

冰淇淋遇到最常见的问题，通常是在冰柜中呈现太硬或太软的状况，然而，这个计算方式可以让我们快速得知此配方做出的冰淇淋是否能存放在适合的温度下，如果算出的温度不符合冰箱的设定，可通过糖的增减来调整配方。

A 最为传统的精密计算

第一个传统算法，需自行设定脂肪、无脂固形物、糖分、胶体，再依照食材的特性做搭配，需要了解较多的专业知识和很多物理数值，也必须记住一些公式才能准确计算，因此现在已较少人使用。下表为建议范围值。

意式冰淇淋成分比例参考值

成分	建议比例
糖分	16%～22%
脂肪	4%～12%
无脂固形物	8%～12%
其他固形物	0～5%
脂肪＋无脂固形物	16%～22%
固形物总和	32%～42%
有感糖	16%～23%

第一步　首先自行设定以下数值

配方数值设定

类别	比例	分量
脂肪	8%	800g
无脂固形物	9.5%	950g
蔗糖	18%	1800g
胶体	0.5%	50g
蛋黄（建议不超过7%）	3%	300g

* 在这个范例中，为了帮助理解，因此配方设定以总重10000g来说明，让计算时数字不会太细碎。

* 这个范例中添加了蛋黄，如果不想加蛋黄，数值设定为0%即可。

因为调整甜度的关系，我把蔗糖的部分比例换成右旋糖。

这里的蔗糖设定18%，将其中4%替换成右旋糖，即14%的蔗糖＋4%的右旋糖。

→建议更换成其他糖类的时候，蔗糖还是占整体配方糖分的6成以上，这样冰淇淋结构会比较稳定。

依上面的数值设定，会得到下表（单位：g）。

初始表

材料	重量	脂肪	无脂固形物	糖分	稳定剂	蛋黄	固形物总重
全脂牛奶							
脱脂奶粉							
蔗糖	1400			1400			1400
右旋糖粉	400			400			380
黄油							
蛋黄	300					300	150
胶体	50				50		50
总量	10000	800	950	1800	50	300	
百分比（%）	100	8	9.5	18	0.5	3	

接着按照公式，依序计算出需要加多少**脱脂奶粉、黄油与全脂牛奶**。

第二步　计算"脱脂奶粉"的用量

先算出浆液分量

除了无脂固形物，先把其他已知的所有成分重量加总。

脂肪800 + 糖分1800 + 胶体50 + 蛋黄300 = 2950（g）

10000（总重）−2950 = 7050（g）→浆液[1]

公式

$$\frac{（无脂固形物数值 \div 1000）−（浆液 \div 1000 \times 0.088[2]）}{（1kg脱脂奶粉的无脂固形物 \div 1000）−0.088}$$

* 脱脂奶粉含97%无脂固形物（参考P67附表1得知）。

* 这里以千克（kg）为单位计算，所以原来的分量都要除以1000。

$$\frac{（950 \div 1000）−（7050 \div 1000 \times 0.088）}{0.97−0.088} \approx \frac{0.950−0.620}{0.882} = \frac{0.330}{0.882} \approx 0.374（kg）$$

→在配方中添加374g脱脂奶粉。

得出下表（单位：g）

材料表（缺全脂牛奶和黄油用量）

材料	重量	脂肪	无脂固形物	糖分	稳定剂	蛋黄	固形物总重
全脂牛奶							
脱脂奶粉	374	374×1% = 3.74	374×97% = 362.78				366.52
蔗糖	1400			1400			1400
右旋糖粉	400			400			380
黄油							
蛋黄	300					300	150
胶体	50				50		50
总量	10000	800		1800	50	300	
百分比（%）	100	8	9.5	18	0.5	3	

1　为了算出脱脂奶粉用量，这里的浆液是假设数值。

2　0.088为公式中的原始设定，是一个固定值。

第三步 接下来要寻找"黄油"

将表中所有已知的食材重量加起来。

脱脂奶粉374＋蔗糖1400＋右旋糖粉400＋蛋黄300＋胶体50＝2524（g）

1 这里的浆液
与P49不同，数
值更为精确。

先算出浆液[1]→10000－2524＝7476（g）

* 浆液重量介于6800～7500g为常态。
* 配方中若没有蛋黄就可能不在范围内。

公式

$$\frac{（脂肪数值 \div 1000）-（浆液 \div 1000 \times 牛奶的脂肪比例）}{黄油的脂肪比例-牛奶的脂肪比例}$$

以牛奶脂肪比例3.6%、黄油脂肪比例82%为例计算

$$\frac{（800 \div 1000）-（7476 \div 1000 \times 0.036）}{0.820-0.036} \approx \frac{0.800-0.269}{0.784} = \frac{0.531}{0.784} \approx 0.677（kg）$$

→在配方中添加677g黄油。

得出下表（单位：g）

材料表（缺全脂牛奶用量）

材料	重量	脂肪	无脂固形物	糖分	稳定剂	蛋黄	固形物总重
全脂牛奶							
脱脂奶粉	374	3.74	362.78				366.52
蔗糖	1400			1400			1400
右旋糖粉	400			400			380
黄油	677	677×82% ＝555.14	677×1.9% ≈12.86				568
蛋黄	300					300	150
胶体	50				50		50
总量	10000			1800	50	300	
百分比（%）	100	8	9.5	18	0.5	3	

第四步　接着就可以找到最后的"全脂牛奶"

总重−（脱脂奶粉＋蔗糖＋右旋糖粉＋黄油＋蛋黄＋胶体）
10000−（374+1400+400+677+300+50）＝6799（g）

→在配方中添加6799g全脂牛奶。
得出下表（单位：g）

完整材料表

材料	重量	脂肪	无脂固形物	糖分	稳定剂	蛋黄	固形物总重
全脂牛奶	6799	6799×3.6% ≈244.76	6799×9% =611.91				856.67
脱脂奶粉	374	3.74	362.78				366.52
蔗糖	1400			1400			1400
右旋糖粉	400			400			380
黄油	677	555.14	12.86				568
蛋黄	300					300	150
胶体	50				50		50
总量	10000	803.64	987.55	1800	50	300	3771.19
百分比（%）	100	8	9.5	18	0.5	3	37.71

＊ 最后把材料表格完整列出，由于我们计算到小数点后两位，会进行四舍五入，因此有一些小偏差是很正常的。经过计算，就能得到你想要的冰淇淋配方。

＊ 计算公式中，遇到黄油或牛奶的数值，要先了解所使用的食材，依上面标示的营养成分做计算，才会更加准确。然而这是一个复杂的计算过程，所以才衍生出以下两种较为简单的计算方式。

B   冰淇淋的固形物计算

这个算法主要用来检验既有配方，经由"固形物的计算"，能了解冰淇淋中液体和固体的比例，如果与自己想要的状态有落差，即可利用换算的方式去调整或变化配方。

冰淇淋的固体、液体平衡

冰淇淋种类	固体比例	液体比例
意式冰淇淋	32%～42%	58%～68%
雪葩	26%～34%	66%～74%

意式冰淇淋出售的温度落在–15～–12℃，固体和液体的比例平衡是冰淇淋很重要的一环；若液体过多，冰淇淋质地会沙沙的并且很硬，液体过少则会过于浓稠厚重、质地较稠。通过第二种"固形物的计算"方法，能够解决八成冰淇淋的问题。

以下表配方为例（单位：g）

示例配方

材料	重量	水分	糖分	脂肪	无脂固形物	其他固形物	固形物合计
乳脂3.6%的全脂牛奶	565	493.81		20.34	50.85		71.19
乳脂35%的动物性鲜奶油	150	88.8		52.5	8.7		61.2
脱脂奶粉	35	0.7		0.35	33.95		34.3
蛋黄	45	22.5		13.5		9	22.5
蔗糖	150		150				150
葡萄糖粉	25	4.75	20.25				20.25
右旋糖粉	25	1.25	23.75				23.75
胶体	5					5	5
总量	1000	611.81	194	86.69	93.5	14	388.19
百分比（%）	100	61.181	19.4	8.669	9.35	1.4	38.819

表格中的黑色数字为已知配方，必须了解的是：

1 脂肪的含量越多冰淇淋质感越厚重，反之冰淇淋质感越轻薄。
2 糖分的含量越多冰淇淋就越甜，反之冰淇淋风味可能不够。
3 知道总固形物的比例后，我们就能知道，当冰淇淋存放在–15～–12℃的冰箱时，会不会太软或太硬。

以下范例是参考附表1（P67）进行计算的（如果知道使用食材实际的成分表，结果会更精确）。分别算出每一种食材的"水分"和"固体量"。

乳脂3.6%的全脂牛奶

脂肪	565	×	3.6%	=	20.34（g）
无脂固形物	565	×	9%	=	50.85（g）
固体总和	20.34	+	50.85	=	71.19（g）
水	565	–	71.19	=	493.81（g）

乳脂35%的动物性鲜奶油

脂肪	150	×	35%	=	52.5（g）
无脂固形物	150	×	5.8%	=	8.7（g）
固体总和	52.5	+	8.7	=	61.2（g）
水	150	–	61.2	=	88.8（g）

脱脂奶粉

脂肪	35	×	1%	=	0.35（g）
无脂固形物	35	×	97%	=	33.95（g）
固体总和	0.35	+	33.95	=	34.3（g）
水	35	–	34.3	=	0.7（g）

蛋黄

脂肪	45	×	30%	=	13.5（g）
其他固形物	45	×	20%	=	9（g）
固体总和	13.5	+	9	=	22.5（g）
水	45	–	22.5	=	22.5（g）

蔗糖

| 糖分 | 150 | × | 100% | = | 150（g） |

葡萄糖粉

| 糖分 | 25 | × | 81% | = | 20.25（g） |
| 水 | 25 | − | 20.25 | = | 4.75（g） |

右旋糖粉

| 糖分 | 25 | × | 95% | = | 23.75（g） |
| 水 | 25 | − | 23.75 | = | 1.25（g） |

胶体

| 其他固形物 | 5 | × | 100% | = | 5（g） |

经过上述计算后，即可加总得出各项材料的使用比例：

水	→ （493.81+88.8+0.7+22.5+4.75+1.25）÷1000×100%	= **61.181%**
糖分	→ （150+20.25+23.75）÷1000×100%	= **19.4%**
脂肪	→ （20.34+52.5+0.35+13.5）÷1000×100%	= **8.669%**
无脂固形物	→ （50.85+8.7+33.95）÷1000×100%	= **9.35%**
其他固形物	→ （9+5）÷1000×100%	= **1.4%**

固形物（固体）比例合计

19.4+8.669+9.35+1.4 = **38.819%**

* 数值全部计算出来后，就可以回到"意式冰淇淋成分比例参考值"表（P47），比对我们的配方是否都在数值范围内，以此判断冰淇淋是何种状态，比如脂肪较高或糖分较高，即可依平衡状态，进一步修改配方，更改完后再次计算，就能确保配方不易出问题。

* 记得一个重点：固体成分拿掉要补固体，液体成分拿掉要补液体（巧克力和酒精例外）。

冰淇淋的抗冻能力计算

这是现在最广为人知也是普遍在使用的计算方式。看完上述A、B两种计算方式后，会发现算法越来越趋于简便，A需要记很多公式，而B又必须把所有数值都计算出来。我们已经知道固体会对冰带来很大的影响，"抗冻能力的计算"使用更简单的方式，只计算冰淇淋中固体成分的抗冻能力，就可以知道冰淇淋在各个温度下的状态。在固体和水分的正常比例下，固体的抗冻能力，即代表这个冰淇淋在多少温度的环境下是柔软的。

以下是常用糖类的抗冻能力表，分别列出：有感糖、抗冻能力和相对分子质量。以蔗糖为基准，有感糖假设为100%，比100%高就表示同重量下，比蔗糖更甜；相对的，比100%低就是同重量下没蔗糖甜。

蔗糖的抗冻能力假设为1（以此为基准），若比1高，就表示当相同分量的该种糖溶于相同重量的水中，比蔗糖更不易结冰；相对的，比1低就表示相同分量的该种糖溶于相同重量的水中，比蔗糖更易结冰。

常用糖类的抗冻能力

材料	有感糖（%）	抗冻能力	相对分子质量
蔗糖	100	1	342
乳糖	16	1	342
葡萄糖粉	47	0.9	180
右旋糖粉	74	1.9	180
转化糖	120	1.05	360
果糖	170	1.9	180
蜂蜜	130	1.9	180
海藻糖	50	1	342
酒精	—	7.4	46
盐	—	5.9	58

＊抗冻能力（PAC）计算：以1kg的重量来计算。

冰淇淋抗冻能力在各温度下的数值

抗冻能力	储存温度（℃）
241～260	−10
261～280	−11
281～300	−12
301～320	−13
321～340	−14
341～360	−15

* 从表上可看出一个规则：每增加20个PAC值，其储存温度降低1℃。

了解抗冻能力的概念后，接下来以范例实际操作。

下表中的黑色数字是已经知道的部分，以此为前提，只需要算出每个材料的固体量（固体比例请参考P67附表1），就可得知这个配方的抗冻能力是多少。

抗冻能力计算示例配方

材料	重量（g）	糖的抗冻能力	总抗冻能力
乳脂3.6%的全脂牛奶	565	1	27.12
乳脂35%的动物性鲜奶油	150	1	4.2
脱脂奶粉	35	1	33.95
蛋黄	45	—	—
蔗糖	150	1	150
葡萄糖粉	25	0.9	18.225
右旋糖粉	25	1.9	45.125
胶体	5	—	—
总量	1000	—	278.62
总抗冻能力（PAC）	—	—	278.62

公式
材料抗冻能力＝糖量×对应糖的抗冻能力

全脂牛奶
碳水化合物4.8%
糖量→565×4.8%＝27.12（g）
抗冻能力→27.12×1＝27.12

动物性鲜奶油
碳水化合物2.8%
糖量→150×2.8%＝4.2（g）
抗冻能力→4.2×1＝4.2

脱脂奶粉[1]	抗冻能力→35×97%×1＝33.95
蔗糖	抗冻能力→150×100%×1＝150
葡萄糖粉	抗冻能力→25×81%×0.9＝18.225
右旋糖粉	抗冻能力→25×95%×1.9＝45.125
总抗冻能力	→27.12+4.2+33.95+150+18.225+45.125＝ **278.62**

1 只计算无脂固形物，脂肪部分可忽略。

这个配方计算出的总抗冻能力是278.62，对照左页的冰淇淋抗冻能力在各温度下的数值表，就能得知冰淇淋合适的存放温度落在−11℃。通过这个经验规则，就可以去设定每个配方需要的储存温度。

那么，抗冻能力的计算逻辑是怎么来的？如前述表格（P55），每种食材都会有一个相对分子质量的数值；抗冻能力是由糖分子与水分子的结构决定的，较小的糖分子会有更大的力量冻结。即可从**分子结构**、**抗冻能力**、**相对分子质量**三者的关系来理解。

例如，蔗糖的相对分子质量为342，酒精的相对分子质量约为46。我们将蔗糖的相对分子质量（342）除以酒精相对分子质量（46），其结果约为7.4。蔗糖的抗冻能力为1，而酒精是蔗糖的7.4倍，即可得知酒精的抗冻能力为7.4。所以，常说酒精的抗冻能力是糖的7倍，其实就是从相对分子质量得来的，也就表示，其实抗冻能力与相对分子质量有着密切的关系。

→ 其他重要
　相关知识

空气的打发率计算

空气对于冰淇淋而言是很重要的元素，能使冰淇淋增加延展性，也可以让冰淇淋不会太甜、太腻或太冰。而空气是不用钱的，空气含量越高，相对的成本越低，但空气量若太高，也会让成品显得很空虚，或结构松软，没有风味。

霜淇淋的打发率是40%～60%，给人较膨松、轻飘的感觉；意式冰淇淋的打发率则在30%左右，在这个对比下，意式冰淇淋就让人觉得较为扎实、浓郁、厚实。

冰淇淋的打发率及特点

冰淇淋种类	打发率	结构呈现
霜淇淋	40%～60%	较为膨松、轻飘
意式冰淇淋	30%上下	较为扎实、浓郁、厚实

公式
（1升水的重量–1升冰的重量）÷1升冰的重量×100%

* **范例1**

一个盆装水重1000g，装冰重800g（不含盆的重量）。

（1000–800）÷800×100%＝25%　　　　　　→打发率＝25%

* **范例2**

一个刚好能容纳100g水的容器，将冰淇淋放入假设是70g（不含容器的重量）。

（100–70）÷70×100%≈42.86%　　　　　　→打发率≈42.86%

糖的转换

糖度（Brix）

糖度的定义是"在20℃的温度下，每100g水溶液中溶解的蔗糖质量（g）"，其计量单位是"°Bx"。甜度是利用液体的浓度和折射率来测量的，大部分传统的糖度计，需要将前端朝向有亮光的地方来操作，而电子式的糖度计，则能自己发光测量，如果液体中包含了太多成分，如糖、蛋白质、脂肪……都会影响折射率，测出来的数值也不准确。

甜度一般是指舌头上的感觉，因人而异，以海藻糖为例，同样100g的蔗糖和海藻糖，虽然重量一样，但甜度上，海藻糖却只有蔗糖的50%左右，相对没那么甜。而像市售的无糖产品，很多是使用高倍数代糖制作的，用量少但甜度高。

糖很有趣，翻找以前冰淇淋的传统配方时，我发现人们在这十年间，食用糖的甜度下降了30%左右，这也是为什么如果你用很传统的冰淇淋配方时会觉得很甜。现代人可以从各方面摄取糖分，也对健康有着较高的要求，随着时代变迁，人们对于糖的感受已经相对改变了。

前文提过，意式冰淇淋很重要的平衡就是水分及固体，如果因为觉得冰淇淋太甜，而随意地增减糖量，就会破坏冰淇淋的平衡，导致冰淇淋的完成状态出现问题，而最明显的直接差别，就是冰淇淋的软硬度。

有感糖是什么？

首先要说明，为什么需要计算有感糖（PS，Pouvoir Sucrant）？每个人对于甜度的感受范围都是不同的，因此必须有一个基准作为依据，"有感糖"即可提供参考值，简单来说就是感受到甜的感觉；我们会将蔗糖当作基准，再去对比其他类别的糖。

而温度，也会影响我们对于糖的感受。以一杯咖啡来说，在热的时候加很多糖，喝起来并不会觉得很甜，在冰冷的时候也不会太甜，可是当恢复常温之后再喝，却觉得非常甜，就是因为温度会改变我们对糖的感受。当温度在20℃以上，有感糖会减低，在温度20℃以下，有感糖也会减低。所以通常都会在20℃左右做测试。

糖的甜度

材料	有感糖（%）	固形物（%）	水分（%）
蔗糖	100	100	—
右旋糖	74	95	5
葡萄糖	47	81	19
转化糖	120	78	22
乳糖	16	100	—
蜂蜜	130	变化	—
果糖	170	100	—

举例来说，如果在产品中原本放了100g的蔗糖，我们把它换成100g的海藻糖，糖分的使用量没有改变，但是甜度却明显减了一半，这就是糖的转换。现今，糖的种类非常多样，先了解各自特性后再使用于冰淇淋，就能带来不同的效果。

同等用量糖的甜度

材料	用量（g）	有感糖（%）
蔗糖	100	100
海藻糖	100	50

配方中有感糖的计算

有感糖的计算，是为了让我们对于冰淇淋入口时的风味感受有更多判断依据，糖度固然是一个标准，但有感糖是另一个判别糖度的标准，比甜度更准确，因为每一种糖所带来的甜度表现会不一样，计算出有感糖的数值，是为了方便在制定配方的时候，让配方比例更加接近自己所想象的效果。

水果中的糖分比例参考

水果	葡萄糖（%）	果糖（%）	蔗糖（%）
草莓	2.5	2.7	3.8
葡萄	7.3	3.5	3.6
香蕉	2.6	2.4	10.5

水果	葡萄糖（%）	果糖（%）	蔗糖（%）
苹果	1.6	6.3	4.7
猕猴桃	3.7	4.0	1.4
葡萄柚	2.0	2.2	3.1
橘子	1.7	1.9	8.8
凤梨	1.6	1.9	8.8
桃子	0.6	0.7	6.8

* **范例1**

计算60%草莓雪葩的有感糖

材料	重量（g）	水（g）	糖分（g）	其他固形物（g）	固形物总和（g）	有感糖（%）
草莓	600	522	54	24	78	57.39
水	163	163	—	—	—	—
蔗糖	173	—	173	—	173	173
右旋糖	60	3	57	—	57	42.18
胶体	4	—	—	4	4	—
合计	1000	688	284	28	312	272.57
百分比（%）	100	68.8	28.4	2.8	31.2	27.26

第一步：先有一个配方，才能去计算这个配方的有感糖是多少。

第二步：只计算材料中含糖的部分（因为只有糖才会有甜度）。

大部分水果的糖分组成有三个部分：葡萄糖、果糖、蔗糖（参考P60表）。

以草莓来说，糖分组成为：葡萄糖（2.5%）、果糖（2.7%）、蔗糖（3.8%）。

所以可先计算出在草莓中，各种糖的分量有多少，再计算其他每一种糖的有感糖。

配方中草莓重量是600g，所以：

草莓中葡萄糖的有感糖　　　　→600×2.5%×47%＝7.05（g）

草莓中果糖的有感糖　　　　　→600×2.7%×170%＝27.54（g）

草莓中蔗糖的有感糖　　　　　　→600 × 3.8% × 100% = 22.8（g）

草莓的有感糖　　　　　　　　　→7.05 + 27.54 + 22.8 = 57.39（g）

蔗糖的有感糖（PS100）　　　　　→173 × 100% = 173（g）

右旋糖的有感糖（PS74）　　　　 →57 × 74% = 42.18（g）

草莓雪葩的有感糖　　　　　　　→57.39+173+42.18=272.57（g）→27.26%

计算后可得知，这款冰淇淋配方的有感糖约为27.26%。

* 范例2

计算牛奶冰淇淋的有感糖

材料	重量（g）	脂肪（g）	无脂固形物（g）	糖分（g）	稳定剂（g）	蛋黄（g）	固形物总和（g）	有感糖（%）
全脂牛奶	545	19.62	49.05	—	—	—	68.67	3.924
乳脂35%的动物性鲜奶油	170	59.5	9.86	—	—	—	69.36	0.7888
脱脂奶粉	35	0.35	33.95	—	—	—	34.3	2.716
蔗糖	110	—	—	110	—	—	110	110
葡萄糖粉	85	—	—	68.85	—	—	68.85	32.3595
右旋糖	20	—	—	19	—	—	19	14.06
蛋黄	30	9	—	—	—	30	15	—
胶体	5	—	—	—	5	—	5	—
合计	1000	88.47	92.86	197.85	5	30	390.18	163.8483
百分比（%）	100	8.847	9.286	19.785	0.5	3	39.018	16.38%

同样的，在这个范例中，只需要计算糖的部分。乳制品内含的无脂固形物中，约有一半是乳糖，因此算法如下：

无脂固形物 ÷ 2 × 乳糖（PS16）＝乳制品中的有感糖

全脂牛奶的有感糖（乳糖PS16）　　　　　　→49.05 ÷ 2 × 16% = 3.924（g）

乳脂35%的动物性鲜奶油的有感糖（乳糖PS16）→9.86 ÷ 2 × 16% = 0.7888（g）

脱脂奶粉的有感糖（乳糖PS16）　　　　　　→33.95 ÷ 2 × 16% = 2.716（g）

蔗糖的有感糖（PS100）	→110 × 100% = 110（g）
葡萄糖的有感糖（PS47）	→85 × 81% × 47% = 32.3595（g）
右旋糖的有感糖（PS74）	→20 × 95% × 74% = 14.06（g）
牛奶冰淇淋的有感糖	→3.924+0.7888+2.716+110+32.3595+
	14.06 = 163.8483（g）→16.38%

计算后可得知，这款冰淇淋配方的有感糖约为**16.38%**。

油脂的转换

油脂有各式各样的类型与特色，比如黄油的风味一定比鲜奶油更厚重，或者你也会发现动物性鲜奶油有各式各样的乳脂含量：35%、40%、50%，味道也截然不同。以下将说明配方中如何将这些油脂互换成自己所喜爱的风味。

* 范例1
1000g乳脂35%的动物性鲜奶油→转换成乳脂82%的黄油
1000g乳脂35%的动物性鲜奶油＝350g脂肪＋58g无脂固形物＋592g水（参考P67附表1得知）

乳脂82%的黄油→350÷82% ≈ 426.83g

换算→426.83 × 82% ≈ 350g（相等）
由此可知→1000g乳脂35%的动物性鲜奶油，与426.83g乳脂82%的黄油所含的脂肪相同。

* 范例2
1000g乳脂82%的黄油→转换成乳脂35%的动物性鲜奶油
1000g乳脂82%的黄油＝820g脂肪＋19g无脂固形物＋161g水（参考P67附表1得知）

乳脂35%的动物性鲜奶油→820÷35% ≈ 2342.86g

换算→2342.86 × 35% ≈ 820g（相等）
由此可知→ 1000g乳脂82%的黄油，与2342.86g乳脂35%的动物性鲜奶油所含的脂肪相同。

冻糕（Semifreddo）

"Semifreddo"是一个意大利词，意思是半冷或半冻。很多甜品店或咖啡店都有制作慕斯蛋糕的经验，"冻糕"就像是不加吉利丁的慕斯蛋糕，有更高的糖分、更多的空气，与含量更高的脂肪，通常我们也会称它为冰淇淋。

就算冷冻在–20℃的冰箱，拿出来时也很容易挖取。可以在没有专门设备的情况下制作出来，在常规的冰淇淋制作中，需要不断搅拌液体，并同时结冰，然而冻糕的制作方式却不用。

1 编者注
Granita又译作
格兰尼塔雪
糕、意式冰沙
或雪泥。

钻石冰（Granita[1]）

钻石冰是一种非常简单的冰沙。将原料加上水和糖冷冻，再取出来将冻结的表层捣碎，完成后是一种较有口感的粗糙质地，有点像雪葩的变异版，通常由水果或是有酒精的利口酒制作，但是完全不加胶体（稳定剂），所以冰晶的颗粒会较为粗大，糖度介于14%～22%。

素食冰淇淋（Vegan Ice Cream）

唐纳德·沃森（Donald Watson）是"Vegan"（维根/纯素）一词的发明人，现代人会因为各种原因而吃素：宗教信仰、保护动物、预防传染病来源、身体健康等。这个趋势当然也直接影响世界各地的饮食，大家开始制作纯素食物，意式冰淇淋也因为素食的食用者大增，进而慢慢地改变。大多数人会改用米浆、豆浆、椰奶来制作，使其成为全素的冰淇淋，但是与使用动物油脂的冰淇淋相比，风味就较为薄弱，但是依然深受素食市场的喜爱。而近几年慢慢出现的另一类健身人群，对于高蛋白食品的需求量遽增，进而开始有人制作低糖、高蛋白的冰淇淋，这也是另一个新兴的市场。

霜淇淋（Soft Serve）

目前在市场上以霜淇淋制品最为突出，因为使用方便、能快速制造，只要将调好的冰淇淋液体倒入机器中，按压把手后就可以挤出柔软的冰淇淋。但还是有几个问题需要注意，比如说连续出冰的速度，小机型无法连续提供输出，出完固定数量后需要等待一段时间，较大型的机台则可以连续不间断地出冰。而霜淇淋在机器中，将会间断性地持续搅拌，如果配方设计不良或是混合不均，很容易产生脂肪颗粒，造成塌陷或粗大的冰晶。

霜淇淋的脂肪含量

相对含量	比例范围	特点
太低	小于4%	呈现粗糙、砂质特性
太高	约12%	太黏口，脂肪容易分离，造成搅拌困难

典型霜淇淋各成分建议值

成分	比例范围
脂肪	5% ~ 10%
无脂固形物	11%
糖	10% ~ 14%
安定剂/乳化剂	0.4%
总固形物	25% ~ 28%

如何品评意式冰淇淋

–10℃是意式冰淇淋最能释放风味的温度，所以当冰淇淋还在冰箱中硬邦邦的时候，先不要食用，风味会因为温度太低而无法释放。从外观也可以看出端倪，质地是不是光滑细腻，或是看起来就非常粗糙。

食用时，建议使用薄型汤匙，能让风味更快速地散发。正常来说，应该要有前中后味；一入口、融化中、融化后这三个阶段，紧闭嘴巴，使香气蔓延至鼻腔，感受它的香气风味。

大家一定要记得，多多尝试各种不同风味的食材。大脑的运作有三个步骤：搜寻、分析、记忆。也就是说，如果你吃过、理解的食材够丰富，那么大脑中的记忆便存载有更多搭配经验值，所以味觉是要训练的。

最后，我认为冰淇淋师傅是一个艺术家，你可以很有个人特色与风格，加上冰又是一个相当直观的产品，放了什么食材就会呈现什么，这也是我不断想表达的，无论是持续的改变突破，还是坚守传统，我认为都没有固定标准。因此鼓励大家跳出框框，做出突破，每一次的跨越一定会学习到很多经验。没有什么不可能，一定要尝试过后才知道。

其实不管是什么样的口味、质地、状态，只要消费者喜爱，那么就是成功的，并不是说你把名店的配方拿来出售就一定大卖，慢慢地累积，慢慢地培养，不断地吸取经验，淘汰掉不受欢迎的口味，增加销量好的口味，才能一步一步地维持下去。

总之，在制作的时候，香料想炒就炒，坚果想烤就烤，水果想加热就加热，食材想过筛就过筛，浸泡的、加热的、真空的等技法，一切取决于自己的想象与决定。

自己要的是什么，自己想象的是什么，这才是最重要的。

有规则是规则，无规则也是规则！
大多数人制作完冰品，最常遇到的问题一定都是：冰太硬或太软，这里列出了影响软硬程度的主要原因，希望能帮大家迅速地找到配方的问题，而加以改善。

快速理解各材料对冰淇淋的影响

材料	含量数值	冰的状态
动物性脂肪	高	硬
蔗糖	高	软
水	高	硬
酒精	高	软
可可脂	高	硬

附表1

材料成分比例参考 单位：%

材料	糖	脂肪	无脂固形物	其他固形物	固形物总和
水	—	—	—	—	0
全脂牛奶	—	3.6	9	—	12.6
半脂牛奶	—	1.8	9	—	10.8
脱脂牛奶	—	0.2	9	—	9.2
全脂奶粉	—	26	70	—	96
脱脂奶粉	—	1	97	—	98
乳脂35%的动物性鲜奶油	—	35	5.8	—	40.8
乳脂38%的动物性鲜奶油	—	38	5.6	—	43.6
黄油	—	82	1.9	—	83.9
盐	—	—	—	—	100
蔗糖	100	—	—	—	100
右旋糖粉	95	—	—	—	95
葡萄糖粉	81	—	—	—	81
海藻糖	90	—	—	—	90
转化糖浆	75	—	—	—	75
麦芽糊精	96	—	—	—	96
全蛋	—	14	—	11	25
蛋黄	—	30	—	20	50
稳定剂	—	—	—	100	100
榛果酱	—	65	—	35	100
杏仁酱	—	60	—	40	100
开心果酱	—	50	—	50	100

附表2

水果成分比例参考 单位：%

水果	糖	其他固形物	固形物总和
西瓜	6	5	11
凤梨	12	9	21
橘子	8	8	16
香蕉	15	8	23
樱桃	10	6	16
无花果	8	7	15
草莓	9	4	13
猕猴桃	9	3	12
覆盆子	14	3	17
柠檬	9	1	10
小橘子	12	8	20
苹果	13	6	19
哈密瓜	8	5	13
西洋梨	9	6	15
葡萄柚	7	6	13
桃子	8	9	17
葡萄	14	5	19
芭乐[1]	7	15	22
火龙果	11	15	26

1 芭乐即番石榴。

附表3

雪葩中水果的建议添加比例

水果	建议值
柠檬	25%~35%
百香果	30%~45%
黑醋栗	40%~50%
红醋栗	35%~45%
覆盆子	45%~55%
草莓	35%~60%
凤梨	45%~60%
橘子	55%~60%
小橘子	45%~55%
杏	50%~60%
桃子	50%~60%
西洋梨	50%~60%
桑葚	45%~55%
香蕉	50%~60%
猕猴桃	40%~60%
芒果	40%~60%
酸樱桃	40%~50%
李子	40%~55%
葡萄柚	35%~50%
哈密瓜	40%~60%
蓝莓	45%~55%

PART 2

意式冰淇淋

GELATO

经典大溪地香草
Glace à la vanille de Tahiti

→ **Gelato**　　　最经典的传统香草配方，选用大溪地香草，有着茴香与焦糖的风味。配方中因使用蛋黄，会使整体风味更加浓郁厚实，这也是为什么常见的香草冰淇淋都偏黄色（并非添加色素）；蛋黄经加热后，味道更为温和，并且能去除蛋的腥味、增加甜味。

1　　将材料B（干粉类）混合在一起，搅拌均匀。

2　　将材料A一起倒入单柄锅，搅拌均匀，加热至45～50℃，之后加入搅拌均匀的材料B，不断搅拌，加热到85℃。熄火后再持续搅拌30秒。

3　　过筛后，倒入消过毒的容器中，进行均质，隔冰块降温，尽快让它冷却至4℃，在冷藏冰箱中静置约6小时，使风味熟成。

4　　静置后，将冰淇淋液再一次均质，之后倒入冰淇淋机中制冰。成品保存在–20℃的冷冻冰箱中即可。

→　　**提示**
虽然香草荚多常温保存，但如果湿度高，天气温差大，还是建议将香草荚真空包装密封好，或者放入密封罐中，冷冻保存。

材料A	
全脂牛奶	545g
乳脂35%的动物性鲜奶油	170g
蛋黄	30g
香草荚	1/3根

材料B	
脱脂奶粉	35g
蔗糖	110g
葡萄糖粉	85g
右旋糖粉	20g
胶体	5g
总量（A+B–香草荚）	1000g

焦糖盐之花
Glace aux caramel et fleur de sel

→ Gelato

焦糖和冰淇淋是非常好的搭配，香气混合着奶香、微苦与甜味，是非常受欢迎的口味。而盐之花非常特别，结晶如花朵般美丽，吃进嘴里的盐之花不会马上融化，能感受到它的湿润及脆度，咸味醇厚中带点轻柔，咸咸甜甜相当美味。

1　将材料B（干粉类）混合在一起，搅拌均匀。
2　将材料A混合均匀，倒入单柄锅，加热至45～50℃，之后加入搅拌均匀的材料B，不断搅拌，加热到85℃。熄火后再持续搅拌30秒。
3　倒入消过毒的容器中进行均质，隔冰块降温，尽快让它冷却至4℃，在冷藏冰箱中静置约6小时，使风味熟成。
4　静置后，将冰淇淋液再一次均质，之后倒入冰淇淋机中制冰，在出冰的时候，将焦糖酱挤在冰上，稍微搅拌。成品保存在-20℃的冷冻冰箱中即可。

→　**焦糖酱的制作方法**
1　将动物性鲜奶油加热至80℃，备用。
2　葡萄糖浆、蔗糖加入锅中，煮至琥珀色焦糖状，之后分次冲入热的鲜奶油（小心沸腾状态容易喷溅），混合后确认温度降至35℃，加入黄油，最后放适量盐之花即可。

→　**提示**
1　冰淇淋加入焦糖酱时，切勿搅拌过度，太均匀就做不出明显的大理石纹路。
2　使用盐之花时，一般不会直接加入食物中烹调，而是最后才撒上去，以增加风味亮点。

材料A	
全脂牛奶	545g
乳脂35%的动物性鲜奶油	200g

材料B	
脱脂奶粉	33g
蔗糖	110g
葡萄糖粉	85g
右旋糖粉	20g
胶体	5g
盐之花	2g
总量（A+B）	1000g

焦糖酱	
乳脂35%的动物性鲜奶油	300g
葡萄糖浆	40g
蔗糖	110g
黄油	40g
盐之花	适量

→ **Gelato**

在欧洲的时候经常吃到酸奶，不管是早餐、午餐还是晚餐，基本上都会遇到，酸奶的吃法非常多，跟新鲜水果或果酱都能很好地搭配。这里是一个原味配方，大家也可以在食用时添加各式的果酱、水果或坚果，增加风味和变化口感。

1　将材料B（干粉类）混合在一起，搅拌均匀。

2　将材料A混合均匀，倒入单柄锅，加热至45～50℃，之后加入搅拌均匀的材料B，不断搅拌，加热到85℃。熄火后再持续搅拌30秒。

3　倒入消过毒的容器中，进行均质，隔冰块降温，尽快让它冷却至4℃，在冷藏冰箱中静置约6小时，使风味熟成。

4　静置后，将冰淇淋液再一次均质，之后倒入冰淇淋机中制冰，等温度到达0℃的时候，加入材料C。成品保存在–20℃的冷冻冰箱中即可。

→　　提示

如果希望保留酸奶中的活菌养分，可以等冰淇淋液加热完并降温，最后再加入酸奶，这样味道会更加突出。

材料A	
全脂牛奶	210g
乳脂35%的动物性鲜奶油	100g
酸奶	435g

材料B	
脱脂奶粉	50g
蔗糖	75g
葡萄糖粉	35g
右旋糖粉	80g
胶体	5g

材料C	
柠檬汁	10g
总量（A+B+C）	1000g

咸花生

Glace aux cacahuètes salées

→ Gelato

咸甜的冰淇淋，是我一直很想传达给大家的一种味道，咸焦糖、咸花生是目前接受度比较高的口味，但还有更多咸甜的风味组合都非常美妙，盐可以让食物风味变得更加鲜明，希望以此与大家一起"碰撞"出咸味冰淇淋的更多可能。

1　　　将材料B（干粉类）混合在一起，搅拌均匀。

2　　　将材料A混合均匀，倒入单柄锅，加热至45～50℃，之后加入搅拌均匀的材料B，不断搅拌，加热到85℃。熄火后再持续搅拌30秒。

3　　　倒入消过毒的容器中，进行均质，隔冰块降温，尽快让它冷却至4℃，在冷藏冰箱中静置约6小时，使风味熟成。

4　　　静置后，将冰淇淋液再一次均质，之后倒入冰淇淋机中制冰。成品保存在–20℃的冷冻冰箱中即可。

→　　　提示

为了增添口感，也可以在冰淇淋里加入些许烤过的花生碎粒。

材料A	
全脂牛奶	601g
乳脂35%的动物性鲜奶油	150g
100%花生酱	60g

材料B	
脱脂奶粉	30g
蔗糖	90g
右旋糖粉	60g
胶体	4g
盐	5g
总量（A+B）	1000g

経典可可
Glace aux chocolat

→ **Gelato**

巧克力的香气及微苦味，对许多人来说都充满魅力，这里使用了两种巧克力：可可粉和纽扣巧克力。可可粉能带来一入口的苦涩味；而纽扣巧克力能让尾韵产生圆润口感，并且带有更多巧克力的特殊风味，例如烘烤香气及香料，或者是果酸香，非常吸引人。

1   将材料B（干粉类）混合在一起，搅拌均匀。
2   将材料A混合均匀，倒入单柄锅，加热至45～50℃，之后加入搅拌均匀的材料B，不断搅拌，加热到94℃。熄火后再持续搅拌30秒。
3   纽扣巧克力和转化糖浆一起放入容器中，倒进步骤2热的冰淇淋液，放置20秒，使巧克力稍微融化后再进行均质，隔冰块降温，尽快冷却至4℃。
4   在冷藏冰箱中静置约6小时，使风味熟成。
5   静置后，将冰淇淋液再一次均质，之后倒入冰淇淋机中制冰。成品保存在–20℃的冷冻冰箱中即可。

→   **提示**
纽扣调温巧克力不适合高温加热，所以放在另一个容器中，用液体的热度来融化它，稍微静置之后再做均质，不然未融化的巧克力直接均质很容易伤害到均质机。

材料A	
全脂牛奶	540g
乳脂35%的动物性鲜奶油	120g

材料B	
脱脂奶粉	30g
可可粉	30g
蔗糖	30g
右旋糖粉	100g
胶体	5g

材料C	
70%纽扣巧克力	120g
转化糖浆	25g
总量（A+B+C）	1000g

白帅帅

Glace aux sésames blanc

→ Gelato

芝麻含有许多健康元素，常见的冰淇淋多使用黑芝麻，在这个配方中我则选择了白芝麻，风味会更加圆润饱满。

1 将材料B（干粉类）混合在一起，搅拌均匀。

2 将材料A混合均匀，倒入单柄锅，加热至45～50℃，之后加搅拌均匀的材料B，不断搅拌，加热到85℃。熄火后再持续搅拌30秒。

3 倒入消过毒的容器中，进行均质，隔冰块降温，尽快让它冷却至4℃，在冷藏冰箱中静置约6小时，使风味熟成。

4 静置后，将冰淇淋液再一次均质，之后倒入冰淇淋机中制冰。成品保存在-20℃的冷冻冰箱中即可。

→ **提示**

选择白芝麻或黑芝麻都可以。这里以芝麻酱制作，是希望让冰淇淋的口感更细腻，如果直接用芝麻粒，因很难将壳的部分完全变成粉末，吃起来会有沙沙的口感，如果你喜欢这种口感就无妨，皆可尝试。

材料A

全脂牛奶	605g
乳脂35%的动物性鲜奶油	130g
白芝麻酱	80g

材料B

脱脂奶粉	20g
蔗糖	100g
右旋糖粉	60g
胶体	5g

总量（A+B） 1000g

红桃乌龙奶茶
Glace aux thé oolong et pêche blanche

→ Gelato　　某天在逛超市的时候，发现饮料区多了一个新口味"红桃乌龙奶茶"，我看了一下，发现果汁含量很低，当下就想，如果用真实的水果来制作，桃子加上乌龙茶一定是一个大家会很喜欢的风味，这个配方就此诞生。后来发现，其实处处留心皆学问，很多的搭配灵感都能用来做成冰淇淋，真的是非常有趣。

1　　首先将全脂牛奶加热至沸腾，倒入乌龙茶叶，再继续加热至沸腾，浸泡15分钟后，过筛。称量牛奶重量，补足至420g，最后与鲜奶油混合。
2　　将材料B（干粉类）混合在一起，搅拌均匀。
3　　将步骤1的材料倒回单柄锅，加热至45～50℃，之后加入搅拌均匀的材料B，不断搅拌，加热到85℃。熄火后再持续搅拌30秒。
4　　倒入消过毒的容器中，进行均质，隔冰块降温，尽快让它冷却至4℃，在冷藏冰箱中静置约6小时，使风味熟成。
5　　静置后，向冰淇淋液中加入材料C再一次均质，之后倒入冰淇淋机中制冰。成品保存在-20℃的冷冻冰箱中即可。

→　　提示
1　　回秤这个步骤很重要！因为加热过程中，很多水分会被茶叶吸收，若没有回秤后补足牛奶，做出来的冰淇淋，水的分量将不足，会变成很软的状态。
2　　乌龙茶要选择重烘焙的，味道香气才足够。

材料A	
全脂牛奶	420g
乳脂35%的动物性鲜奶油	145g
乌龙茶叶	20g

材料B	
脱脂奶粉	40g
蔗糖	90g
葡萄糖粉	50g
右旋糖粉	50g
胶体	5g

材料C	
红桃果泥	200g
总量（A+B+C）	1020g

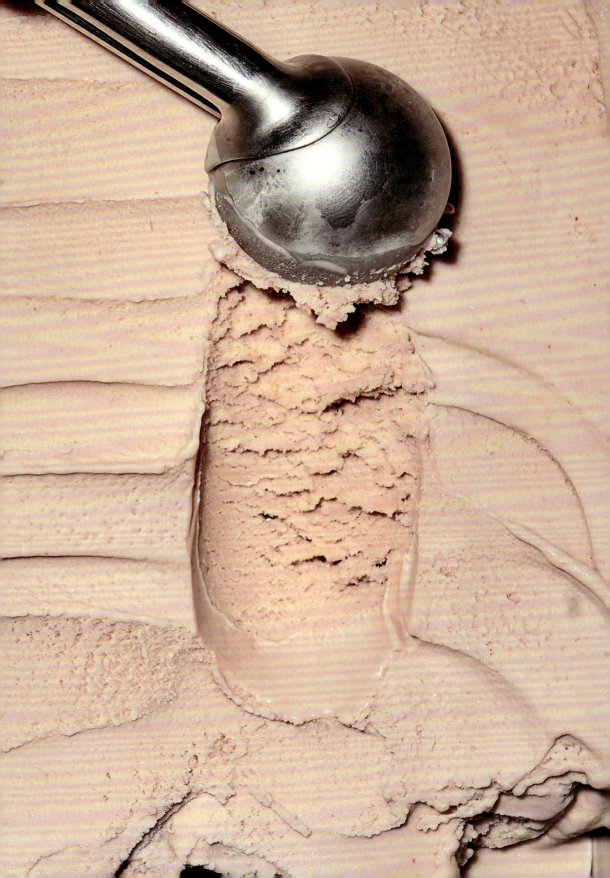

黑糖蕉蕉

Glace à la banane et sucre de cannes complet

→ Gelato

这是一个很有趣的口味！当香蕉被剥开接触到空气后，很快就会褐变，如果只单纯做香蕉冰淇淋，颜色会变成不讨喜的土黄色，因此我们把配方中的糖换成更有个性的黑糖，不仅风味多了一个层次，也让香蕉褐变后的颜色更合乎常理。

1　　将材料B（干粉类）混合在一起，搅拌均匀。
2　　将材料A混合均匀，倒入单柄锅，加热至45～50℃，之后加入搅拌均匀的材料B，不断搅拌，加热到85℃。熄火后再持续搅拌30秒。
3　　倒入消过毒的容器中，进行均质，隔冰块降温，尽快让它冷却至4℃，在冷藏冰箱中静置约6小时，使风味熟成。
4　　静置后，向冰淇淋液中加入材料C再一次均质，之后倒入冰淇淋机中制冰。成品保存在–20℃的冷冻冰箱中即可。

→　　提示
1　　香蕉很容易因为接触空气而氧化，我们只能延缓它的褐变，并无法完全阻止，所以设计配方时，可利用黑糖、焦糖或巧克力等素材，让它理所当然地变成褐色。
2　　通常会选用较为成熟、开始长黑斑的香蕉，此时的风味、甜味和香气，都是最佳的。

材料A	
全脂牛奶	380g
乳脂35%的动物性鲜奶油	190g
香蕉果泥	230g

材料B	
脱脂奶粉	30g
黑糖	80g
葡萄糖粉	30g
右旋糖粉	40g
胶体	5g

材料C	
黄柠檬汁	5g
人头马风之岛朗姆酒（54%)	10g
总量（A+B+C）	1000g

→ **Gelato**

草莓牛奶是非常受欢迎的口味。如果将草莓直接加入牛奶冰淇淋，果香会被牛奶掩盖，所以另外制作了草莓果酱，最后拌入可使草莓风味更加强烈，食用时因为多了果酱搭配，带来更多层次上的变化，色泽也有漂亮的大理石纹路，相当吸引人。

1　先制作草莓果酱：将蔗糖和柑橘果胶混合均匀；草莓果泥、果粒倒入单柄锅，加热至40℃后，慢慢加入混合好的蔗糖和柑橘果胶，煮至沸腾，熄火后，冷藏备用。

2　将材料B（干粉类）混合在一起，搅拌均匀。

3　将材料A混合均匀，倒入单柄锅，加热至45～50℃，之后加入搅拌均匀的材料B，不断搅拌，加热到85℃。熄火后再持续搅拌30秒。

4　过筛后，倒入消过毒的容器中，进行均质，隔冰块降温，尽快让它冷却至4℃，在冷藏冰箱中静置约6小时，使风味熟成。

5　静置后，将冰淇淋液再一次均质，之后倒入冰淇淋机中制冰。

6　出冰的时候，将草莓果酱挤在冰淇淋上，稍微搅拌（注意不要过度），做出大理石纹。成品保存在-20℃的冷冻冰箱中即可。

→　**提示**

果酱中的颗粒大小，可依照自己的喜好来决定，果泥和果粒的比例也可自由调整。

材料A

全脂牛奶	710g
乳脂35%的动物性鲜奶油	105g

材料B

脱脂奶粉	25g
蔗糖	115g
葡萄糖粉	20g
右旋糖粉	20g
胶体	5g
总量（A+B）	1000g

草莓果酱

草莓果泥	355g
草莓果粒	355g
蔗糖	285g
柑橘果胶	5g
总量（草莓果酱）	1000g

沙罗纳夫人
Glace aux amandes

→ **Gelato**　　杏仁是在甜点中常使用到的元素，也是大家最能接受的一种坚果，这个配方中，我们多添加了杏仁酒，既能增加冰淇淋的果实风味，也能让冰变得更加温润。

1　　　将材料B（干粉类）混合在一起，搅拌均匀。

2　　　将材料A混合均匀，倒入单柄锅，加热至45～50℃，之后加入搅拌均匀的材料B，不断搅拌，加热到85℃。熄火后再持续搅拌30秒。

3　　　倒入消过毒的容器中，进行均质，隔冰块降温，尽快让它冷却至4℃，在冷藏冰箱中静置约6小时，使风味熟成。

4　　　静置后，向冰淇淋液中加入材料C再一次均质，之后倒入冰淇淋机中制冰。成品保存在–20℃的冷冻冰箱中即可。

→　　　**提示**
　　　　建议大家使用带皮的杏仁，能使冰淇淋颜色更加接近坚果色，也能赋予冰淇淋更多果实的香气层次。

材料A	
全脂牛奶	685g
乳脂35%的动物性鲜奶油	55g
100%杏仁酱	90g

材料B	
脱脂奶粉	20g
蔗糖	90g
右旋糖粉	35g
胶体	5g

材料C	
杏仁酒	20g
总量（A+B+C）	1000g

→ **Gelato**　　这是一个我在参加世界比赛时使用的配方，希望表现的方式是，一入口，荔枝风味就爆炸性地充满口腔，之后再由椰奶慢慢收尾，呈现很明确的两段风味，尤其荔枝是很有台湾特色的水果，还带有淡淡的酸味，都大大提升了这款冰淇淋的独特性，让人印象深刻。

1　　将材料B（干粉类）混合在一起，搅拌均匀。
2　　将材料A混合均匀，倒入单柄锅，加热至45～50℃，之后加入搅拌均匀的材料B，不断搅拌，加热到85℃。熄火后再持续搅拌30秒。
3　　倒入消过毒的容器中，进行均质，隔冰块降温，尽快让它冷却至4℃，在冷藏冰箱中静置约6小时，使风味熟成。
4　　静置后，向冰淇淋液中加入材料C再一次均质，之后倒入冰淇淋机中制冰。成品保存在-20℃的冷冻冰箱中即可。

→　　**提示**
　　通常情况下，我们会认为果泥不能加热，但其实很多水果也是很适合加热制作的，像这里使用的椰奶，加热之后更能够提升香气和其本身的味道。

材料A	
全脂牛奶	410g
乳脂35%的动物性鲜奶油	120g
椰奶	140g

材料B	
脱脂奶粉	20g
蔗糖	70g
葡萄糖粉	40g
右旋糖粉	25g
胶体	5g

材料C	
荔枝果泥	170g
总量（A+B+C）	1000g

榛好味
Glace aux noisettes

→ **Gelato**

榛子是意大利的特产，而皮埃蒙特榛子（Piedmont Hazelnuts）更是意大利顶级的榛子，除了果实较大外，风味和香气也比较强烈，是意大利冰淇淋店必备的口味。

1   将材料B（干粉类）混合在一起，搅拌均匀。

2   将材料A混合均匀，倒入单柄锅，加热至45～50℃，之后加入搅拌均匀的材料B，不断搅拌，加热到85℃。熄火后再持续搅拌30秒。

3   倒入消过毒的容器中，进行均质，隔冰块降温，尽快让它冷却至4℃，在冷藏冰箱中静置约6小时，使风味熟成。

4   静置后，将冰淇淋液再一次均质，之后倒入冰淇淋机中制冰。成品保存在 –20℃的冷冻冰箱中即可。

→   **提示**

建议大家使用带皮榛子仁，除了能使做出来的冰淇淋成色更接近坚果色，也可让风味层次更丰富一些。或者试试使用榛子酱、榛子粉、榛子粒等，都会带来不同效果。

材料A	
全脂牛奶	570g
乳脂35%的动物性鲜奶油	130g
蛋黄	20g
100%榛子酱	90g

材料B	
脱脂奶粉	25g
蔗糖	75g
葡萄糖粉	40g
右旋糖粉	45g
胶体	5g
总量（A+B）	1000g

→ Gelato

味噌风味的冰淇淋，给人强烈的日式风格感，究竟尝起来是什么味道，也让人非常好奇。我们测试过很多种味噌，最后选择当地人最易接受的白味噌来制作，风味清爽，富有香气。在使用黄砂糖的情况下，另有淡淡的太妃糖香气，咸甜口味的让人印象深刻。

1　　将材料B（干粉类）混合在一起，搅拌均匀。

2　　将材料A混合均匀，倒入单柄锅，加热至45～50℃，之后加入搅拌均匀的材料B，不断搅拌，加热到85℃。熄火后再持续搅拌30秒。

3　　倒入消过毒的容器中进行均质，隔冰块降温，尽快让它冷却至4℃，在冷藏冰箱中静置约6小时，使风味熟成。

4　　静置后，将冰淇淋液再一次均质，之后倒入冰淇淋机中制冰。成品保存在–20℃的冷冻冰箱中即可。

→　　提示
白味噌的风味较为柔和，一般人接受度高，如果希望风味更强烈，可考虑用赤味噌，或其他味道更有个性、浓厚的味噌，都是可以尝试的选择。

材料A

全脂牛奶	640g
乳脂35%的动物性鲜奶油	120g
白味噌	60g

材料B

脱脂奶粉	30g
黄砂糖	125g
右旋糖粉	20g
胶体	5g
总量（A+B）	1000g

Boss不开心
Glace à la pistache

→ **Gelato**　　提到意大利，不能没有开心果，尤其是西西里岛特产的开心果，带有淡淡的咸味，浓郁、滑顺，在全球的冰店中，几乎可以说是排名前三的人气口味，一入口便能感受到牛奶浓纯的香气跟开心果浓浓的坚果味，韵味相当迷人。

1　　将材料B（干粉类）混合在一起，搅拌均匀。

2　　将材料A混合均匀，倒入单柄锅，加热至45～50℃，之后加入搅拌均匀的材料B，不断搅拌，加热到85℃。熄火后再持续搅拌30秒。

3　　倒入消过毒的容器中进行均质，隔冰块降温，尽快让它冷却至4℃，在冷藏冰箱中静置约6小时，使风味熟成。

4　　静置后，向冰淇淋液中加入材料C再一次均质，之后倒入冰淇淋机中制冰。成品保存在−20℃的冷冻冰箱中即可。

→　　**提示**
选用不同产地的开心果，会直接影响风味的呈现，价格差距也很大，目前在台湾地区能选用的开心果，产地多为伊朗、土耳其，意大利的相对来说比较少。这个配方用的是来自西西里岛的开心果，除了味道比较浓郁，也会带点咸咸的别致风味。

材料A

全脂牛奶	575g
乳脂35%的动物性鲜奶油	140g
100%西西里开心果酱	90g

材料B

脱脂奶粉	26g
蔗糖	75g
葡萄糖粉	35g
右旋糖粉	50g
胶体	5g
盐	2g

材料C

抹茶粉	2g
总量（A+B+C）	1000g

蓝莓希腊酸奶
Glace aux yaourts et couils de myrtilles

→ Gelato

蓝莓与酸奶是日常甜点中的绝佳搭配，含有许多对身体良好的成分，将这个组合制作成冰时，一样是非常受欢迎的口味。先准备简单的蓝莓果酱，再以柠檬汁增加酸味，风味将更突出；而蓝莓是非常适合加热的水果，加热过后风味会变得更强烈，颜色上也会让紫色更加鲜艳。

1　先制作蓝莓果酱：蔗糖和柑橘果胶混合均匀，将蓝莓和黄柠檬汁倒入单柄锅，加热至40℃，慢慢加入混合好的蔗糖和柑橘果胶，煮至沸腾，熄火后放凉，冷藏备用。

2　将材料B（干粉类）混合在一起，搅拌均匀。

3　将材料A混合均匀，倒入单柄锅，加热至45～50℃，之后加入搅拌均匀的材料B，不断搅拌，加热到85℃。熄火后再持续搅拌30秒。

4　倒入消过毒的容器中进行均质，隔冰块降温，尽快让它冷却至4℃，在冷藏冰箱中静置约6小时，使风味熟成。

5　静置后，将冰淇淋液再一次均质，之后倒入冰淇淋机中制冰。温度到达0℃时，再加入材料C。

6　在出冰的时候，将蓝莓果酱挤在冰上，稍微搅拌成大理石状（注意不要过度搅拌）。将成品保存在-20℃的冷冻冰箱中即可。

→　提示

如果在制作上，希望保留更多希腊酸奶的营养，可以等其他材料加热完并降温，最后再混合酸奶，如此完成的冰淇淋会有更加突出的酸奶风味。

材料A	
全脂牛奶	410g
乳脂35%的动物性鲜奶油	50g
希腊酸奶	375g

材料B	
蔗糖	120g
右旋糖粉	30g
胶体	5g

材料C	
柠檬汁	10g
总量（A+B+C）	1000g

蓝莓果酱	
蓝莓	300g
黄柠檬汁	68g
蔗糖	130g
柑橘果胶	2g
总量（蓝莓果酱）	500g

核桃钳
Glace aux noix

→ Gelato　核桃常用于美式甜点，最常出现在圣诞节，坚果的馥郁香气总能为寒冷的冬日带来温暖与力量，让人一口接一口。核桃咀嚼后会有淡雅的奶香与甜味，但是要记得，搭配核桃的甜品一定要做得稍微甜一些，才能使核桃风味更加充分地释放。

1　　先制作烤核桃：将核桃放在150℃的烤箱中烤约15分钟，放凉后打碎备用。

2　　将材料B（干粉类）混合在一起，搅拌均匀。

3　　将材料A混合均匀，倒入单柄锅，加热至45～50℃，之后加入搅拌均匀的材料B，不断搅拌，加热到85℃。熄火后再持续搅拌30秒。

4　　倒入消过毒的容器中，进行均质，隔冰块降温，尽快让它冷却至4℃，在冷藏冰箱中静置约6小时，使风味熟成。

5　　静置后，将冰淇淋液再一次均质，之后倒入冰淇淋机中制冰。成品保存在−20℃的冷冻冰箱中即可。

→　　提示
　　　配方中选用枫糖，是为了赋予冰淇淋更多冬天印象的香味与气息。枫糖本身带有一种自然的酸味，甜中带点酸，还有些许花香与核果香，能让冰淇淋的香气更醇厚。

材料A	
全脂牛奶	580g
乳脂35%的动物性鲜奶油	140g
烤核桃	80g

材料B	
脱脂奶粉	35g
枫糖粉	100g
右旋糖粉	60g
胶体	5g
总量（A+B）	1000g

提拉米苏
Glace tiramisu

→ **Gelato**

马斯卡彭奶酪（Mascarpone）含有大量的乳脂肪，因此口感浓厚滑顺，带有一点点自然的甜味，加入浓缩咖啡和咖啡酒后，最后在冰淇淋表面撒满可可粉，让各种美妙的食材既融合又各有丰富的口感。

1　　将材料B（干粉类）混合在一起，搅拌均匀。

2　　将材料A混合均匀，倒入单柄锅，加热至45～50℃，之后加入搅拌均匀的材料B，不断搅拌，加热到85℃。熄火后再持续搅拌30秒。

3　　倒入消过毒的容器中，进行均质，隔冰块降温，尽快让它冷却至4℃，在冷藏冰箱中静置约6小时，使风味熟成。

4　　静置后，向冰淇淋液中加入浓缩咖啡再一次均质，之后倒入冰淇淋机中制冰。成品保存在-20℃的冷冻冰箱。

5　　最后展示或出售的时候，撒上可可粉即可。

→　　**提示**

1　　使用浓缩咖啡的层次会是最好的，能带出更多细微的风味，浓缩液萃取出来后要尽快使用，不然风味会一直转变。

2　　传统的方式是撒上可可粉，如果要做一些变化，也可以刨巧克力屑搭配。

材料A

全脂牛奶	500g
脱脂奶粉	55g
蛋黄	20g
马斯卡彭奶酪	250g

材料B

蔗糖	40g
右旋糖粉	100g
胶体	5g

材料C

浓缩咖啡	30g
总量（A+B+C）	1000g

其他材料

可可粉	适量

→ Gelato

在意大利，橄榄油就是日常生活的一部分，当然冰淇淋店也会有橄榄油口味，但在中国台湾，这不是人们熟悉的味道，因此在选择油品上要相当注意，建议选用味道清淡一些的，不要用这么厚重的油品来制作，接受度会比较高。

1　将材料B（干粉类）混合在一起，搅拌均匀。

2　将材料A混合均匀，倒入单柄锅，加热至45～50℃，之后加入搅拌均匀的材料B，不断搅拌，加热到85℃。熄火后再持续搅拌30秒。

3　倒入消过毒的容器中，进行均质，隔冰块降温，尽快让它冷却至4℃，在冷藏冰箱中静置约6小时，使风味熟成。

4　静置后，向冰淇淋液中加入材料C再一次均质，之后倒入冰淇淋机中制冰。成品保存在–20℃的冷冻冰箱中即可。

→　提示

这里选用O-MED阿贝金纳特级初榨橄榄油，这款油品带有特殊的清香味，类似青草、甘蔗的味道，也不会太厚重；再加上将所需糖量的部分换成黄砂糖，使风味多了点太妃糖的感觉，让一般人更容易接受这个口味。

材料A	
全脂牛奶	610g
乳脂35%的动物性鲜奶油	105g

材料B	
脱脂奶粉	45g
蔗糖	70g
黄砂糖	45g
葡萄糖粉	45g
右旋糖粉	20g
胶体	5g

材料C	
橄榄油	55g
柠檬皮屑	适量

总量
（A+B+C–柠檬皮屑）　1000g

奶酪蛋糕
Glace aux cream cheese

→ **Gelato**

这个口味是顾客非常喜爱、接受度也很高的一款，在奶油奶酪的挑选上，日本制的偏向清爽，欧洲制的则相对厚重些，不同的种类，风味上也会有明显差异。将市售饼干直接打碎拌入，更可感受到冰凉版本的奶酪蛋糕风味。

1　将材料B（干粉类）混合在一起，搅拌均匀。

2　将材料A混合均匀，倒入单柄锅，加热至45～50℃，之后加入搅拌均匀的材料B，不断搅拌，加热到85℃。熄火后再持续搅拌30秒。

3　倒入消过毒的容器中，进行均质，隔冰块降温，尽快让它冷却至4℃，在冷藏冰箱中静置约6小时，使风味熟成。

4　静置后，将冰淇淋液再一次均质，之后倒入冰淇淋机中制冰；等温度到达0℃时，加入材料C。成品保存在-20℃的冷冻冰箱中即可。

→　**提示**
制作完成的冰淇淋可依照自己喜好，加入饼干碎，大部分的时候会选用消化饼干来作搭配，吃起来更像甜点版的奶酪蛋糕。

材料A	
全脂牛奶	510g
脱脂奶粉	20g
蛋黄	40g
奶油奶酪	200g

材料B	
蔗糖	85g
葡萄糖粉	40g
右旋糖粉	80g
胶体	5g

材料C	
黄柠檬汁	20g
总量（A+B+C）	1000g

君度酒
Glace au Cointreau

→ Gelato

在法国时，曾受邀参观君度酒工厂，重新认识了橙酒的制程，在年代久远的酒厂中，其依旧保留着传统做法，完全从橙皮提炼出来的君度酒，甜中带甘，并夹杂着特殊的香气和淡淡的凉感。我特别喜欢橙酒和牛奶的搭配，它散发淡淡的清香味，非常诱人。

1　将材料B（干粉类）混合在一起，搅拌均匀。

2　将材料A混合均匀，倒入单柄锅，加热至45～50℃，之后加入搅拌均匀的材料B，不断搅拌，加热到85℃。熄火后再持续搅拌30秒。

3　倒入消过毒的容器中，进行均质，隔冰块降温，尽快让它冷却至4℃，在冷藏冰箱中静置约6小时，使风味熟成。

4　静置后，向冰淇淋液中加入材料C再一次均质，之后倒入冰淇淋机中制冰。成品保存在–20℃的冷冻冰箱中即可。

→　提示
最后也可以再拌入一些糖渍橙丁，增加果肉咬感与风味。

材料A

全脂牛奶	590g
乳脂35%的动物性鲜奶油	110g
蛋黄	70g

材料B

脱脂奶粉	35g
蔗糖	80g
葡萄糖粉	60g
胶体	5g

材料C

法国君度橙酒（60%）	50g
柑橘皮屑	5g

总量（A+B+C–柑橘皮屑）1000g

→ Gelato

这款深受热爱酒精系列冰淇淋的人喜欢，能吃到浸泡过朗姆酒的葡萄干，口感相当湿润，选用风之岛朗姆酒，其风味温润更带有木质香气，既香甜又香醇，是大人的风味。

1 先制作糖渍葡萄：葡萄干洗净后，和水、蔗糖一起放入锅中，煮至葡萄干变软，再次加热到沸腾之后，熄火加入朗姆酒（建议浸泡一天后再使用）。
2 将材料B（干粉类）混合在一起，搅拌均匀。
3 将材料A混合均匀，倒入单柄锅，加热至45～50℃，之后加入搅拌均匀的材料B，不断搅拌，加热到85℃。熄火后再持续搅拌30秒。
4 倒入消过毒的容器中，进行均质，隔冰块降温，尽快让它冷却至4℃，在冷藏冰箱中静置约6小时，使风味熟成。
5 静置后，将冰淇淋液再一次均质，加入50g沥干的糖渍葡萄，之后倒入冰淇淋机中制冰。成品保存在-20℃的冷冻冰箱中即可。

→ 提示
1 步骤3中将朗姆酒一起加热，是希望保留更多香气，但酒精感不能太多，经过加热刚好能让酒精挥发；因为最后还会加入酒渍葡萄（即糖渍葡萄），味道已足够强烈。
2 浸泡过的葡萄，记得滤掉多余水分后再拌入冰淇淋，不然会有过多的糖水和酒溶入冰淇淋中。

材料A

全脂牛奶	620g
乳脂35%的动物性鲜奶油	150g
人头马风之岛朗姆酒（54%）	30g

材料B

脱脂奶粉	40g
蔗糖	110g
葡萄糖粉	45g
胶体	5g
总量（A+B）	1000g

材料C

糖渍葡萄（沥干）	50g

糖渍葡萄

葡萄干	500g
饮用水	500g
蔗糖	350g
人头马风之岛朗姆酒（54%）	100g

PART 2 意式冰淇淋

酪梨[1]牛奶
Glace à l'avocat

→ Gelato

酪梨有"森林黄油"之称，营养价值高，有助于抗氧化及增强免疫力，还令人有饱足感，是很多健身、减重人士的最爱。酪梨如果已经成熟，中间的核很容易取下，如果不好取就表示还需要再放几天；酪梨随着成熟度增加，果皮会从绿色慢慢变成黑色，基本上光滑细腻的才是最好的状态。

1 将材料B（干粉类）混合在一起，搅拌均匀。
2 将材料A混合均匀，倒入单柄锅，加热至45～50℃，之后加入搅拌均匀的材料B，不断搅拌，加热到85℃。熄火后再持续搅拌30秒。
3 倒入消过毒的容器中，进行均质，隔冰块降温，尽快让它冷却至4℃，在冷藏冰箱中静置约6小时，使风味熟成。
4 静置后，向冰淇淋液中加入材料C再一次均质，之后倒入冰淇淋机中制冰。成品保存在–20℃的冷冻冰箱中即可。

→ 提示
1 酪梨千万不能加热，加热过后会出现铁锈味。
2 希望配方中的蜂蜜保留更清香的风味，所以最后等冰淇淋液冷却后再与酪梨一起加入，故不经过加热的步骤。

材料A	
全脂牛奶	550g
乳脂35%的动物性鲜奶油	60g

材料B	
脱脂奶粉	25g
蔗糖	60g
右旋糖粉	60g
胶体	5g

材料C	
蜂蜜	40g
酪梨	200g
总量（A+B+C）	1000g

球型红茶
Glace au thé noir « Wang »

→ **Gelato**　冰淇淋配方中因为有很大比例的糖和牛奶，茶的味道会受到很大影响，因此在选择茶种时，尽量挑选重发酵、重烘焙的茶叶来制作，风味上会比较明显、突出，尾韵也会更厚重回甘。

1　首先将水加热到沸腾，倒入茶叶，再加热至沸腾，熄火浸泡15分钟后过筛，回秤再次称重，补足水让红茶汤达到170g。

2　将材料C（干粉类）混合在一起，搅拌均匀。

3　将步骤1的红茶汤与材料B混合均匀，倒回单柄锅，加热至45～50℃，之后加入搅拌均匀的材料C，不断搅拌，加热到85℃。熄火后再持续搅拌30秒。

4　倒入消过毒的容器中，进行均质，隔冰块降温，尽快让它冷却至4℃，在冷藏冰箱中静置约6小时，使风味熟成。

5　静置后，将冰淇淋液再一次均质，之后倒入冰淇淋机中制冰。成品保存在−20℃的冷冻冰箱中即可。

→　**提示**
茶有很多种做法，无论浸泡或打成粉，呈现出来的效果都会不同。如果选用高山茶或绿茶，建议使用雪葩的做法，风味会比较明显。

材料A	
红茶	30g
水	170g

材料B	
全脂牛奶	470g
乳脂35%的动物性鲜奶油	140g

材料C	
脱脂奶粉	30g
蔗糖	55g
葡萄糖粉	90g
右旋糖粉	40g
胶体	5g
总量（A+B+C−红茶）	1000g

抹茶
Glace au thé vert matcha

→ Gelato　　抹茶有各种等级与质地的分别，要特别留意，若是茶道使用的抹茶，味道往往更轻盈、轻飘，更为细腻，其实不适合拿来做冰，因为冰淇淋会添加糖分和牛奶，都会压过茶味，让这细微的味道消失；建议选择风味较强烈的抹茶来制作。

1　　将材料B（干粉类）混合在一起，搅拌均匀。

2　　将材料A混合均匀，倒入单柄锅，加热至45～50℃，之后加入搅拌均匀的材料B，不断搅拌，加热到85℃。熄火后再持续搅拌30秒。

3　　倒入消过毒的容器中，进行均质，隔冰块降温，尽快让它冷却至4℃，在冷藏冰箱中静置约6小时，使风味熟成。

4　　静置后，向冰淇淋液中加入材料C再一次均质，之后倒入冰淇淋机中制冰。成品保存在–20℃的冷冻冰箱中即可。

→　　提示
抹茶对于湿度和温度非常敏感，如果保存不当、失温很容易氧化，变成黄褐色，做出来的冰淇淋就无法呈现漂亮的青绿色。要特别留意抹茶的存放方式，尽量不要照射到光线。

材料A	
全脂牛奶	675g
乳脂35%的动物性鲜奶油	100g

材料B	
脱脂奶粉	10g
蔗糖	90g
葡萄糖粉	45g
右旋糖粉	50g
胶体	5g

材料C	
抹茶	25g
总量（A+B+C）	1000g

→ **Gelato**

这个配方的构想来自"美酒加咖啡"！不用一般红酒，而是选用奶酒。奶酒一直是容易入口、很受欢迎的酒品，大多会加冰块饮用，因此我们直接把它做成冰的，再混合咖啡。并特别选用巴维兰威士忌麦芽奶酒，让冰淇淋整体除了有浓郁的咖啡味，更有甜蜜的奶香，最后尾韵是淡淡麦芽香，是非常浓郁成熟的一款冰淇淋。

1　将咖啡豆敲碎，加入300g牛奶，一起加热至沸腾，盖上盖子，焖10分钟，过筛后，补足咖啡牛奶的分量至300g。

2　将材料C（干粉类）混合在一起，搅拌均匀。

3　将步骤1的咖啡牛奶与材料B混合均匀，倒入单柄锅，加热至45～50℃，之后加入搅拌均匀的材料C，不断搅拌，加热到85℃。熄火后再持续搅拌30秒。

4　倒入消过毒的容器中，进行均质，隔冰块降温，尽快让它冷却至4℃，在冷藏冰箱中静置约6小时，使风味熟成。

5　静置后，向冰淇淋液中加入材料D再一次均质，之后倒入冰淇淋机中制冰。成品保存在−20℃的冷冻冰箱中即可。

→　　**提示**

将奶酒分两次添加，是因为酒精加热后将会挥发，为了保留部分酒精，也为了让奶酒味道更加香醇，所以选择部分加热、部分最后直接添加的方式。

材料A

全脂牛奶	300g
浓缩咖啡豆	30g

材料B

全脂牛奶	265g
乳脂35%的动物性鲜奶油	195g
巴维兰威士忌麦芽奶酒1	60g

材料C

脱脂奶粉	10g
蔗糖	70g
葡萄糖粉	15g
胶体	5g

材料D

巴维兰威士忌麦芽奶酒2	80g

总量
（A+B+C+D−浓缩咖啡豆）1000g

朗姆栗栗
Glace à la châtaigne et rhum

→ **Gelato**　秋冬总是会想起栗子，温暖细腻的风味，充满热量，这里把栗子融入朗姆酒，使它们的甜味及香气更为浓郁，并充满层次。栗子通常是冬季才会出的产品，风味比较厚重也比较香甜，这样厚实的味道，适合在冬季时抚慰人心。

1　将材料B（干粉类）混合在一起，搅拌均匀。

2　将材料A混合均匀，倒入单柄锅，加热至45～50℃，之后加入搅拌均匀的材料B，不断搅拌，加热到85℃。熄火后再持续搅拌30秒。

3　倒入消过毒的容器中，进行均质，隔冰块降温，尽快让它冷却至4℃，在冷藏冰箱中静置约6小时，使风味熟成。

4　静置后，向冰淇淋液中加入材料C再一次均质，之后倒入冰淇淋机中制冰。成品保存在–20℃的冷冻冰箱中即可。

→　提示

日式和法式的栗子馅有很大差别，做法明显不同，风味也相去甚远；这里使用的是法式栗子馅，会连皮一起制作，所以冰淇淋呈现深褐色。

材料A

全脂牛奶	400g
乳脂35%的动物性鲜奶油	195g
安贝法式栗子（有糖）	230g
蛋黄	40g

材料B

脱脂奶粉	25g
葡萄糖粉	20g
右旋糖粉	55g
胶体	5g

材料C

人头马风之岛朗姆酒（54%）	5g
蜂蜜	25g
总量（A+B+C）	1000g

PART 3

雪 葩

SORBET

蜂蜜柠檬
Sorbet de citrons aux miels

→ Sorbet

这款冰品曾经在台湾成为饮料界的销量冠军，充满夏日风情。尤其台湾地区的蜂蜜种类多样，柑橘蜜、龙眼蜜、红柴蜜等，各有独特的花草香气，柠檬的清爽酸味加上蜜香融合，韵味甜而不腻，做成冰品享用一样滋味绝妙。

1　将材料B（干粉类）混合在一起，搅拌均匀。
2　将A倒入单柄锅，加热至45～50℃，之后加入搅拌均匀的材料B，不断搅拌，加热到85℃。熄火后再持续搅拌30秒。
3　倒入消过毒的容器中，再加入材料C，进行均质，隔冰块降温，尽快让它冷却至4℃，在冷藏冰箱中静置约6小时，使风味熟成。
4　静置后，将冰淇淋液再一次均质，之后倒入冰淇淋机中制冰。成品保存在–20℃的冷冻冰箱中即可。

→　　**提示**
可刨入些许柠檬皮到冰淇淋中，让果香层次更清新立体。

材料A	
饮用水	435g

材料B	
蔗糖	90g
葡萄糖粉	50g
菊糖	5g
胶体	5g

材料C	
蜂蜜	100g
黄柠檬汁	315g
总量（A+B+C）	1000g

红酒炖洋梨
Sorbet de poires aux vin rouge

→ Sorbet | 由甜点想到的冰品，洋梨的果香与辛香料融合，酸甜平衡，带有丰富香气，韵味深厚诱人。简单的西洋梨经过炖煮，变得高级了起来，红酒炖洋梨完美变身为优雅气质的代名词。

1　先制作炖洋梨：西洋梨削皮去籽，切成丁，混合所有材料一起炖煮，煮滚之后，焖15分钟，均质后再次煮滚，过筛备用。

2　将材料B（干粉类）混合在一起，搅拌均匀。

3　将材料A倒入单柄锅，加热至45～50℃，之后加入搅拌均匀的材料B，不断搅拌，加热到85℃。熄火后再持续搅拌30秒。

4　倒入消过毒的容器中，进行均质，隔冰块降温，尽快让它冷却至4℃，在冷藏冰箱中静置约6小时，使风味熟成。

5　静置后，将冰淇淋液再一次均质，之后倒入冰淇淋机中制冰。成品保存在−20℃的冷冻冰箱中即可。

→　提示
将炖洋梨的香料敲碎后再使用，味道能更加释放。

材料A	
饮用水	390g
红酒	40g
炖洋梨	500g

材料B	
黄砂糖	30g
海藻糖	35g
胶体	5g
总量（A+B）	1000g

炖洋梨（糖度35%）	
西洋梨	300g
红酒	120g
黄砂糖	110g
肉桂棒	1根
丁香	1个
八角	1个
小豆蔻	1.5颗
胡椒粒	2颗
总量（炖洋梨，不含香料）	530g

哈哈比利小猪
Sorbet de melons et jambon prosciutto

→ **Sorbet**　　　　咸味和甜味的相遇，向来既疯狂又有趣，"火腿＋哈密瓜"则是达到完美平衡的经典之一，我很想在冰品中尝试这种张力十足的组合。这个搭配同时富含维生素、膳食纤维、脂肪和蛋白质，火腿与哈密瓜冰一起食用，更能品尝到火腿脂肪的细微风味，每一口都为味觉带来惊喜、跳跃的新鲜感。

1　　　先制作哈密瓜果汁：将哈密瓜的籽去除，取下果肉后，打成果汁，备用。
2　　　将材料B（干粉类）混合在一起，搅拌均匀。
3　　　将材料A倒入单柄锅，加热至45～50℃，之后加入搅拌均匀的材料B，不断搅拌，加热到85℃。熄火后再持续搅拌30秒。
4　　　倒入消过毒的容器中，再加入材料C，进行均质，隔冰块降温，尽快让它冷却至4℃，在冷藏冰箱中静置约6小时，使风味熟成。
5　　　静置后，将冰淇淋液再一次均质，之后倒入冰淇淋机中制冰。成品保存在−20℃的冷冻冰箱中即可。

→　　　**火腿有两种搭配吃法**
1　　　直接将冰淇淋和生火腿搭配着食用。
2　　　将火腿烤至表面金黄、香脆的状态，再剥碎拌入冰中一起食用。烤好的火腿静置时，可以使用厨房纸巾吸收多余的油脂。

材料A	
饮用水	305g

材料B	
蔗糖	155g
菊糖	5g
胶体	5g

材料C	
哈密瓜果汁	500g
黄柠檬汁	30g
总量（A+B+C）	1000g

材料D	
伊比利亚猪火腿	适量

迷幻柚柚
Sorbet aux pamplemousses et romarin

→ Sorbet　我很喜欢葡萄柚，除了颜色讨喜外，味道上也有清爽舒服的酸气，更带有些微苦味，而这苦味就是葡萄柚的特色，很少有人愿意用葡萄柚来做冰，因为会放大苦味，因此我增加了一个香草的香气在其中，可使苦味变得更缓和，接受度也更高。

1　将葡萄柚的皮削除，取下瓣状果肉，白色部分需削除干净。
2　将材料B（干粉类）混合在一起，搅拌均匀。
3　将材料A倒入单柄锅，加热至45～50℃，之后加入搅拌均匀的材料B，不断搅拌，加热到85℃。熄火后再持续搅拌30秒。
4　倒入消过毒的容器中，再加入材料C，进行均质，隔冰块降温，尽快让它冷却至4℃，在冷藏冰箱中静置约6小时，使风味熟成。
5　静置后，将冰淇淋液再一次均质，过筛之后倒入冰淇淋机中制冰。成品保存在−20℃的冷冻冰箱中即可。

→　提示
1　香草是否要经过静置，看个人喜好，如果喜欢风味强烈一点可以放置6小时，如希望是清淡的风味，可在步骤4均质完后就过筛。
2　香草类的叶子或花瓣，一定要先以饮用水清洗、浸泡过，确保干净卫生。

材料A	
饮用水	145g

材料B	
蔗糖	160g
菊糖	10g
海藻糖	15g
右旋糖粉	15g
胶体	5g

材料C	
葡萄柚	600g
黄柠檬汁	50g
迷迭香	5g
总量（A+B+C−迷迭香）	1000g

粉红瓜瓜
Sorbet à la pastèques

→ **Sorbet**　这是很早期所创作的口味，因为冰中包含了空气，所以西瓜冰的颜色会偏向粉红，非常讨喜，也是取名的由来。西瓜含水量高达93%左右，是著名的高水分水果之一，虽然水分很多，但其中还包含了许多膳食纤维，能做出相当细腻滑顺的冰品。

1　将材料B（干粉类）混合在一起，搅拌均匀。
2　将材料A倒入单柄锅，加热至45～50℃，之后加入搅拌均匀的材料B，不断搅拌，加热到85℃。熄火后再持续搅拌30秒。
3　倒入消过毒的容器中，再加入材料C，进行均质，隔冰块降温，尽快让它冷却至4℃，在冷藏冰箱中静置约6小时，使风味熟成。
4　静置后，将冰淇淋液再一次均质，之后倒入冰淇淋机中制冰。成品保存在–20℃的冷冻冰箱中即可。

→　**提示**
建议先去除西瓜籽再打成果汁，避免籽被打碎后会出现苦味；而果肉纤维的部分则需要保留，不需滤掉，能增加冰的稳定性。

材料A	
饮用水	185g

材料B	
蔗糖	150g
菊糖	10g
海藻糖	20g
胶体	5g

材料C	
西瓜汁	600g
黄柠檬汁	30g
总量（A+B+C）	1000g

羊来了
Sorbet à la fraises

→ Sorbet

这是一个简单的灯谜，"羊来了"就代表"草没（草莓）了"。在台湾地区，每年大约11月到次年4月是草莓的盛产期，各个品种皆有不同特色，香气或风味都各有所长，而草莓原有的酸味，是让味觉层次更丰富的关键。草莓也是每个小朋友都无法抗拒的口味之一，除了颜色漂亮，均衡的酸甜果香也使人百吃不腻。

1　先将草莓洗干净，去除蒂头。
2　将材料B（干粉类）混合在一起，搅拌均匀。
3　将材料A倒入单柄锅，加热至45～50℃，之后加入搅拌均匀的材料B，不断搅拌，加热到85℃。熄火后再持续搅拌30秒。
4　倒入消过毒的容器中，再加入材料C，进行均质，隔冰块降温，尽快让它冷却至4℃，在冷藏冰箱中静置约6小时，使风味熟成。
5　静置后，将冰淇淋液再一次均质，之后倒入冰淇淋机中制冰。成品保存在-20℃的冷冻冰箱中即可。

→　提示
草莓是很娇贵的水果，清洗完之后就很容易腐败，所以要尽快制作成冰淇淋。

PART 3　雪酪

材料A	
饮用水	315g

材料B	
蔗糖	150g
葡萄糖粉	30g
胶体	5g

材料C	
草莓	500g
总量（A+B+C）	1000g

鸟不踏覆盆子
Sorbet de framboises au tana

→ **Sorbet**　这是为一次厂商活动所特别开发的，希望在冰淇淋中添加有特色的当地食材，然而主要的成分必须是覆盆子，试了很多搭配后发现，因覆盆子的风味强烈，很多材料都会被掩盖，后来想到了刺葱，强烈的香气，反而跟覆盆子相辅相成，变成一种美妙的滋味。

1　先将刺葱叶洗净、去除细刺，并用饮用水彻底清洗干净。
2　将材料B（干粉类）混合在一起，搅拌均匀。
3　将材料A倒入单柄锅，加热至45～50℃，之后加入搅拌均匀的材料B，不断搅拌，加热到85℃。熄火后再持续搅拌30秒。
4　倒入消过毒的容器中，再加入材料C，进行均质，隔冰块降温，尽快让它冷却至4℃，在冷藏冰箱中静置约6小时，使风味熟成。
5　静置后，将冰淇淋液再一次均质，过筛之后倒入冰淇淋机中制冰。成品保存在−20℃的冷冻冰箱中即可。

→　　**提示**
处理刺葱叶时，枝干和叶子上都有小细刺，需要非常小心，一定要将刺完全去除后再来制作，不然很容易在冰淇淋中出现小刺。

材料A	
饮用水	315g

材料B	
蔗糖	120g
葡萄糖粉	30g
胶体	5g

材料C	
覆盆子	500g
黄柠檬汁	30g
刺葱叶	6g
总量（A+B+C−刺葱叶）	1000g

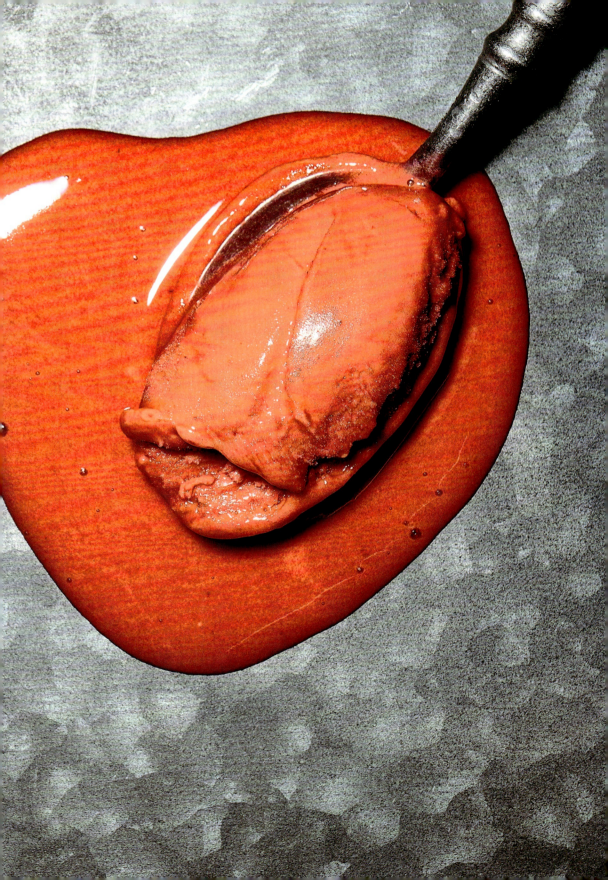

桃太郎
Sorbet de pêche blanche

→ Sorbet 桃子是非常受欢迎的水果，尤其是在日本，有各式各样美味的桃子，而中国台湾最受欢迎也最知名的水蜜桃品种，大致为拉拉山和梨山的桃子，产季和口感略有不同。桃子是非常娇贵的水果，在保存上要轻柔小心，尤其是一开始变熟后，就会一口气超越最适合食用的熟度，需要抓准时机。

1　将白桃洗干净，并用饮用水冲洗过后再处理，把核去除，切块备用。
2　将材料B（干粉类）混合在一起，搅拌均匀。
3　将材料A倒入单柄锅，加热至45～50℃，之后加入搅拌均匀的材料B，不断搅拌，加热到85℃。熄火后再持续搅拌30秒。
4　倒入消过毒的容器中，再加入材料C，进行均质，隔冰块降温，尽快让它冷却至4℃，在冷藏冰箱中静置约6小时，使风味熟成。
5　静置后，将冰淇淋液再一次均质，之后倒入冰淇淋机中制冰，成品保存在–20℃的冷冻冰箱中即可。

→　　提示
1　白桃处理完时，就可以先加入柠檬汁保存，让颜色不会褐变。
2　在均质时，我喜欢连果皮一起，让颜色更加粉嫩；但切勿均质过久，避免出现苦涩味。

材料A	
饮用水	160g

材料B	
蔗糖	120g
葡萄糖粉	65g
胶体	5g

材料C	
白桃	620g
黄柠檬汁	30g
总量（A+B+C）	1000g

百香果

Sorbet aux fruits de la passion

→ **Sorbet**　　台湾埔里有百香果的故乡之称，这里种植的百香果，酸甜适中，十分美味。百香果因香气馥郁，同时散发着香蕉、凤梨、柠檬、草莓等多种水果的复合香味，又被称为果汁之王，加上颜色亮丽，味道甜中带酸，非常适合制作雪葩。

1　　将百香果表皮清洗干净，将果肉取出后，果汁与籽分开备用。

2　　将材料B（干粉类）混合在一起，搅拌均匀。

3　　将材料A倒入单柄锅，加热至45～50℃，之后加入搅拌均匀的材料B，不断搅拌，加热到85℃。熄火后再持续搅拌30秒。

4　　倒入消过毒的容器中，再加入材料C，进行均质，隔冰块降温，尽快让它冷却至4℃，在冷藏冰箱中静置约6小时，使风味熟成。

5　　静置后，将冰淇淋液再一次均质，加入材料D，之后直接倒入冰淇淋机中制冰。成品保存在-20℃的冷冻冰箱中即可。

→　　**提示**
很多时候在冰淇淋中吃到的百香果籽都是碎碎的，但我希望保留一颗一颗的口感，所以籽的部分不经过均质，最后才放，使冰淇淋口感更加干净。

材料A	
饮用水	395g

材料B	
蔗糖	120g
菊糖	5g
葡萄糖粉	25g
胶体	5g

材料C	
百香果汁	400g

材料D	
百香果籽	50g
总量（A+B+C+D）	1000g

火龙果
Sorbet aux fruits du dragon

→ Sorbet

火龙果是仙人掌科的植物，常见的有红心和白心两种，红心火龙果中蕴含的"甜菜红素"是天然色素，会让冰淇淋打出来时依然维持很鲜艳的红色。虽然火龙果香气很薄弱，但若是品质优良的火龙果，则有明显的花香。挑选时，可依重量来判断，越重代表汁多且果肉丰满，表皮的萼片软化且有点反卷即是成熟状态。

1　制作火龙果果泥：将火龙果肉取出、切片，将果肉压成泥，不要破坏籽的部分。
2　将材料B（干粉类）混合在一起，搅拌均匀。
3　将材料A倒入单柄锅，加热至45～50℃，之后加入搅拌均匀的材料B，不断搅拌，加热到85℃。熄火后再持续搅拌30秒。
4　倒入消过毒的容器中，进行均质，再加入材料C，隔冰块降温，尽快让它冷却至4℃，在冷藏冰箱中静置约6小时，使风味熟成。
5　静置后，将冰淇淋液以打蛋器搅拌均匀，不要均质，倒入冰淇淋机中制冰。成品保存在–20℃的冷冻冰箱中即可。

→　**提示**
因为希望保留火龙果籽，所以先将火龙果切片，之后过粗筛网，压成泥，等到制冰前再加入，就可以让火龙果中的籽粒粒分明，口感更加干净，风味也会更明亮，虽然增加了前制时间，却能让成品截然不同。

材料A	
饮用水	455g

材料B	
蔗糖	125g
右旋糖粉	10g
胶体	5g

材料C	
火龙果果泥	350g
黄柠檬汁	5g
蜂蜜	50g
总量（A+B+C）	1000g

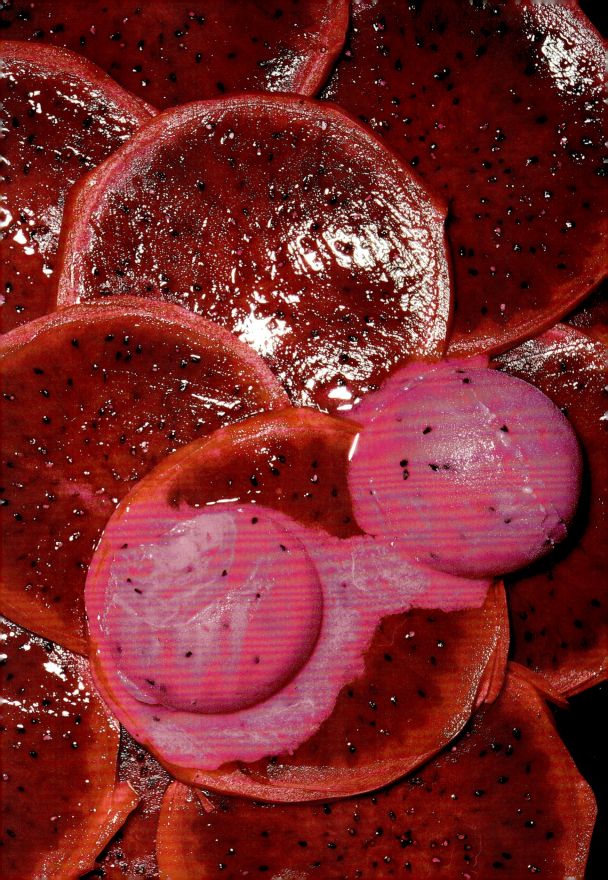

旺旺来
Sorbet à l'ananas

→ Sorbet

台湾的凤梨品种非常多，近年来不断改良，凤梨吃起来已不再像以前一样刮舌，甜度也更高。制作凤梨雪葩时要注意，如果凤梨没有加热，制作出来的成品，打发度会比一般水果高，空气感会较重；如果不希望有那么多空气，可将凤梨加热之后再制冰。

1　将凤梨蒂头削除，果皮切除干净后，果肉切小块，备用。
2　将材料B（干粉类）混合在一起，搅拌均匀。
3　将材料A倒入单柄锅，加热至45～50℃，之后加入搅拌均匀的材料B，不断搅拌，加热到85℃。熄火后再持续搅拌30秒。
4　倒入消过毒的容器中，再加入材料C，进行均质，隔冰块降温，尽快让它冷却至4℃，在冷藏冰箱中静置约6小时，使风味熟成。
5　静置后，将冰淇淋液再一次均质，之后倒入冰淇淋机中制冰。成品保存在–20℃的冷冻冰箱中即可。

→　提示

1　是否加盐，可依个人喜好，盐能去除凤梨"扎嘴"的感觉，也可让冰的风味更加有层次。
2　处理凤梨时，虽然中心的部分比较没有味道，但含有丰富的膳食纤维，一样可以打入到冰淇淋中，增加厚实感。

材料A	
饮用水	295g

材料B	
蔗糖	180g
胶体	5g

材料C	
凤梨	500g
黄柠檬汁	20g
盐之花	适量
总量（A+B+C–盐之花）	1000g

→ **Sorbet**　冰淇淋中单一的莓果口味其实就很受欢迎，但加了多种红色水果，可以让颜色和风味都变得更加丰盛、有深度，这种复合的概念，完全可以依照自己喜欢的比例，试试各种变化，变成不同"个性"的莓果森林口味。

1　处理材料C：将草莓、黑醋栗、覆盆子清洗干净，用饮用水冲洗过，全部打成果汁备用。

2　将材料B（干粉类）混合在一起，搅拌均匀。

3　将材料A倒入单柄锅，加热至45～50℃，之后加入搅拌均匀的材料B，不断搅拌，加热到85℃。熄火后再持续搅拌30秒。

4　倒入消过毒的容器中，再加入步骤1的果汁，进行均质，隔冰块降温，尽快让它冷却至4℃，在冷藏冰箱中静置约6小时，使风味熟成。

5　静置后，将冰淇淋液再一次均质，之后倒入冰淇淋机中制冰。成品保存在–20℃的冷冻冰箱中即可。

→　**提示**
其实各种红色系列的水果，搭配起来都是很适合的，不用担心风味会不好，大家可以多多尝试、自由组合。

材料A	
饮用水	290g

材料B	
蔗糖	125g
葡萄糖粉	30g
胶体	5g

材料C	
草莓	250g
黑醋栗	100g
覆盆子	200g
总量（A+B+C）	1000g

夏日风情
Sorbet exotique

→ **Sorbet** 想到香蕉、芒果、猕猴桃、百香果，几乎就等于夏日印象！这些夏天常见的水果，单独制冰就很美味，但在这个配方中，一口气将它们混合在一起，更呈现出充满阳光、热情洋溢的饱和夏天，在夏季可是非常受欢迎的人气口味。

1　处理材料C：香蕉果肉取出备用；芒果、猕猴桃、百香果清洗干净，用饮用水冲洗，将果肉取出和香蕉混合，全部打成果汁备用。

2　将材料B（干粉类）混合在一起，搅拌均匀。

3　将材料A倒入单柄锅，加热至45～50℃，之后加入搅拌均匀的材料B，不断搅拌，加热到85℃。熄火后再持续搅拌30秒。

4　倒入消过毒的容器中，再加入步骤1的果汁，进行均质，隔冰块降温，尽快让它冷却至4℃，在冷藏冰箱中静置约6小时，使风味熟成。

5　静置后，将冰淇淋液再一次均质，之后倒入冰淇淋机中制冰。成品保存在−20℃的冷冻冰箱中即可。

→　　**提示**
这个配方中有香蕉和芒果，两者富含的膳食纤维可帮助冰变得更稳定，成品质地将更加绵密细腻。

PART 3　雪葩

材料A

饮用水	200g

材料B

蔗糖	95g
葡萄糖粉	50g
右旋糖粉	10g
胶体	5g

材料C

香蕉	160g
芒果	330g
猕猴桃	90g
百香果	60g
总量（A+B+C）	1000g

莓完莓了
Sorbet fraise et framboise

这款是以覆盆子和草莓为主体的冰品，除了颜色非常鲜艳外，入口之后，会发现风味层次不断在口中变化，品尝到最后还带有一股淡淡的清香。少许的日本柚子汁是这款冰品隐藏的味道亮点。

1 将草莓、覆盆子清洗干净，用饮用水冲洗过，分别打成果汁备用。
2 将材料B（干粉类）混合在一起，搅拌均匀。
3 将材料A倒入单柄锅，加热至45～50℃，之后加入搅拌均匀的材料B，不断搅拌，加热到85℃。熄火后再持续搅拌30秒。
4 倒入消毒过容器中，再加入材料C，进行均质，隔冰块降温，尽快让它冷却至4℃，在冷藏冰箱中静置约6小时，使风味熟成。
5 静置后，将冰淇淋液再一次均质，之后倒入冰淇淋机中制冰。成品保存在–20℃的冷冻冰箱中即可。

→   提示
在这配方中，我们让覆盆子经过加热，风味会更厚重，之后再加入草莓汁、柠檬汁和柚子汁，水果以两阶段分开处理，是让冰淇淋风味截然不同的关键，使风味更加层次分明、充满变化。

PART 3 雪酪

材料A	
饮用水	370g
覆盆子汁	240g

材料B	
蔗糖	120g
葡萄糖粉	50g
胶体	5g

材料C	
草莓汁	175g
柚子汁	15g
黄柠檬汁	25g
总量（A+B+C）	1000g

柠檬巴巴
Sorbet de citrons et basilic

→ **Sorbet** "柠檬＋罗勒"，其实在很多地方都可以看见这样的组合，不管是意式的酱汁，还是沐浴乳、香水，这都是一款经典不败的搭配，两种清爽的风味以冰品来表现，绝对迷人。

1　将材料B（干粉类）混合在一起，搅拌均匀。

2　将材料A倒入单柄锅，加热至45～50℃，之后加入搅拌均匀的材料B，不断搅拌，加热到85℃。熄火后再持续搅拌30秒。

3　倒入消过毒的容器中，再加入材料C，进行均质，隔冰块降温，尽快让它冷却至4℃，在冷藏冰箱中静置约6小时，使风味熟成。

4　静置后，将冰淇淋液再一次均质，过筛之后倒入冰淇淋机中制冰。成品保存在–20℃的冷冻冰箱中即可。

→ **提示**

1　甜罗勒可先去掉中心的梗，只留下叶子使用；加入罗勒叶均质的时候，不要均质太久，因为叶子会很快黄掉。

2　罗勒与九层塔是一样的吗？简单来说，九层塔是罗勒的一种，但做意式料理时用的通常是甜罗勒，口味较清爽，若换成九层塔，味道就会变得较重，且涩气较强，所以是不同的哦！

3　香草类的叶子或花瓣，使用前一定要先以饮用水清洗、浸泡过，确保干净卫生。

材料A	
饮用水	450g

材料B	
蔗糖	200g
葡萄糖粉	60g
胶体	5g

材料C	
黄柠檬汁	285g
甜罗勒叶	6g
总量（A+B+C–甜罗勒叶）	1000g

黑莓
Sorbet à la mûres

→ Sorbet

黑莓有点像桑葚，却是不同的水果，在市面上比较少见，因为鲜品很容易变质，大多数时候拿到的都是冷藏或冷冻的。黑莓中含有大量人体必需的氨基酸，加上颜色非常吸引人，也是一款非常受欢迎的口味。

1　　将材料B（干粉类）混合在一起，搅拌均匀。

2　　将材料A倒入单柄锅，加热至45～50℃，之后加入搅拌均匀的材料B，不断搅拌，加热到85℃。熄火后再持续搅拌30秒。

3　　倒入消过毒的容器中，再加入材料C，进行均质，隔冰块降温，尽快让它冷却至4℃，在冷藏冰箱中静置约6小时，使风味熟成。

4　　静置后，将冰淇淋液再一次均质，之后倒入冰淇淋机中制冰。成品保存在–20℃的冷冻冰箱中即可。

→　　提示

黑莓含有很多籽，打果汁时我会先把部分的籽过滤掉，只留下少量；在冰淇淋中能尝到一点点籽的颗粒感，可以增加口感，更贴近真实的水果。

材料A	
饮用水	400g

材料B	
蔗糖	125g
葡萄糖粉	60g
胶体	5g

材料C	
黑莓果泥	200g
黑莓粒	200g
黄柠檬汁	10g
总量（A+B+C）	1000g

甘草红心芭乐
Sorbet de goyave et réglisse

→ Sorbet

"甘草＋芭乐"，是夜市常见的组合，来几片清凉的甘草芭乐，真的会让人越吃越开胃，酸酸甜甜加上清脆的口感超美味。我们选用红心芭乐，把它制作成冰，再加入甘草粉，复刻那种让人欲罢不能的风味。

1　处理材料C：红心芭乐洗净后，把绿色表皮刮除，芭乐打成泥，过筛将籽去除，加入黄柠檬汁备用。

2　将材料B（干粉类）混合在一起，搅拌均匀。

3　将材料A倒入单柄锅，加热至45～50℃，之后加入搅拌均匀的材料B，不断搅拌，加热到85℃。熄火后再持续搅拌30秒。

4　倒入消过毒的容器中，再加入步骤1的果泥，进行均质，隔冰块降温，尽快让它冷却至4℃，在冷藏冰箱中静置约6小时，使风味熟成。

5　静置后，将冰淇淋液再一次均质，之后倒入冰淇淋机中制冰。成品保存在−20℃的冷冻冰箱中即可。

材料A	
饮用水	380g

材料B	
蔗糖	175g
葡萄糖粉	20g
甘草粉	2g
胶体	5g

材料C	
红心芭乐	400g
黄柠檬汁	20g
总量（A+B+C）	1002g

冰的苹果
Sorbet façon Tarte Tatin

→ **Sorbet**　这是一个很有趣的口味，是从甜点的翻转苹果挞演变过来的。刚开店的时候，发现很多甜点师傅都在做这道甜点，我使用同样的方法，把苹果焦化再炖煮到完全熟透，这时会自然呈现出淡淡的乌梅味，它是这款冰品成功的关键。在挞皮放上一球苹果冰，就成了冰的翻转苹果挞。

1　制作焦糖苹果：单柄锅里加入蔗糖煮至焦糖状，再放其他所有材料加热至沸腾，使用均质机，把苹果和香料全部粉碎；继续煮到沸腾，关火闷10分钟，再次加热至沸腾，过筛放凉，备用。

2　将材料B（干粉类）混合在一起，搅拌均匀。

3　将材料A倒入单柄锅，加热至45～50℃，之后加入搅拌均匀的材料B，不断搅拌，加热到85℃。熄火后再持续搅拌30秒。

4　倒入消过毒的容器中，进行均质，隔冰块降温，尽快让它冷却至4℃，在冷藏冰箱中静置约6小时，使风味熟成。

5　静置后，将冰淇淋液再一次均质，之后倒入冰淇淋机中制冰。成品保存在–20℃的冷冻冰箱中即可。

→　**提示**

1　在煮焦糖苹果的时候，如果风味完整释放，做出来的冰能品尝到乌梅的风味。

2　也可以把柠檬汁换成日本柚子汁，是另一种截然不同的风味。

材料A

饮用水	430g
焦糖苹果	480g
黄柠檬汁	20g

材料B

黄砂糖	65g
胶体	5g
总量（A+B）	1000g

焦糖苹果（糖度45%）

蔗糖	150g
苹果	350g
香草荚	1/2根
柑橘汁	10g
肉桂棒	1/2根
人头马风之岛朗姆酒（54%）	5g

总量
（焦糖苹果–香草荚–肉桂棒）515g

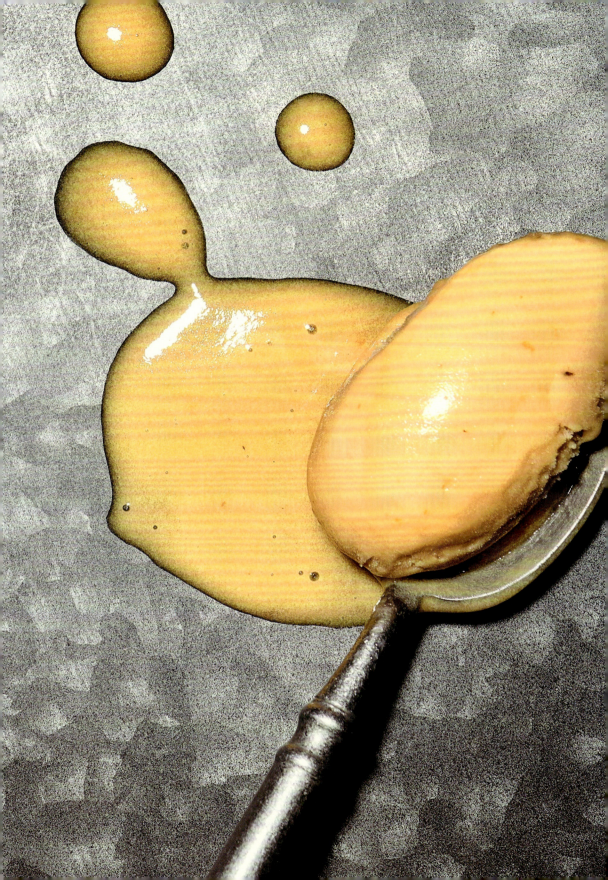

盐烤茂谷柑
Sorbet de mandarines Mogu avec prunes salé

→ **Sorbet**   茂谷柑甜中带点微酸，拥有独特的浓郁柑橘香，放越久越香甜，酸味会慢慢消失；加盐烤过的茂谷柑吃起来有一点咸，又有酸甜的味道，加上柑橘香气，有点蜜饯的感觉，风味很特别！而且富含维生素C，对身体是很好的营养补充，这是集酸甜咸于一身的一款冰品，非常好吃。

1   将材料B（干粉类）混合在一起，搅拌均匀。

2   将材料A倒入单柄锅，加热至45～50℃，之后加入搅拌均匀的材料B，不断搅拌，加热到85℃。熄火后再持续搅拌30秒。

3   倒入消过毒的容器中，进行均质，隔冰块降温，尽快让它冷却至4℃，在冷藏冰箱中静置约6小时，使风味熟成。

4   静置后，将冰淇淋液再一次均质，再加入材料C，之后倒入冰淇淋机中制冰。成品保存在-20℃的冷冻冰箱中即可。

→   **提示**
    梅子肉切成丁，或用均质机打碎，带来的口感及风味会完全不同，这里我希望以丁状表现，除增加酸度外，更能增加口感。

材料A		材料B		材料C	
饮用水	390g	蔗糖	145g	梅子肉（切丁）	30g
茂谷柑	400g	菊糖	10g		
黄柠檬汁	20g	胶体	5g	总量（A+B+C）	1003g
		盐之花	3g		

无花果
Sorbet aux figues

.

在法国，时常可以见到无花果入菜，我非常喜欢，尤其是无花果中的颗粒，一颗一颗咬碎的口感，很有特色。要选择成熟度够的果实来制作，通常都会放到底部快裂开时再使用，此时为甜度最高的状态，生味也不会太重。

1 无花果洗干净后，用饮用水冲洗过，以微波炉稍微加热（微温就好），去除果皮，只留下中心红色果肉部分。

2 将材料B（干粉类）混合在一起，搅拌均匀。

3 将材料A倒入单柄锅，加热至45～50℃，之后加入搅拌均匀的材料B，不断搅拌，加热到85℃。熄火后再持续搅拌30秒。

4 倒入消过毒的容器中，再加入材料C，进行均质，隔冰块降温，尽快让它冷却至4℃，在冷藏冰箱中静置约6小时，使风味熟成。

5 静置后，将冰淇淋液再一次均质，之后倒入冰淇淋机中制冰。成品保存在－20℃的冷冻冰箱中即可。

→ 提示

这里我选择把无花果的皮去掉，虽然果皮也有很多养分，但因希望最后冰淇淋能呈现更美丽的颜色，所以去皮后只留果肉。如果不考虑成色，也可在去掉无花果的蒂头后，就直接制作。

材料A	
饮用水	445g

材料B	
黄砂糖	160g
右旋糖粉	20g
胶体	5g

材料C	
无花果	330g
黄柠檬汁	10g
蜂蜜	30g
总量（A+B+C）	1000g

芒果青

Sorbet à la mangues verte

→ **Sorbet** 青芒果是我小时候的味道，酸酸甜甜，是夏天专属的滋味，把它制成雪葩，转化后风味口感更加细腻。挑选制作的青芒果时，可以通过轻压来判断，如果很硬则比较合适，如果太软就不要购买，否则口感会不爽脆。

1 将材料B（干粉类）混合在一起，搅拌均匀。

2 将材料A倒入单柄锅，加热至45～50℃，之后加入搅拌均匀的材料B，不断搅拌，加热到85℃。熄火后再持续搅拌30秒。

3 倒入消过毒的容器中，进行均质，隔冰块降温，尽快让它冷却至4℃，在冷藏冰箱中静置约6小时，使风味熟成。

4 静置后，将冰淇淋液再一次均质，最后与材料C混合，之后倒入冰淇淋机中制冰。成品保存在–20℃的冷冻冰箱中即可。

→ **糖渍青芒果**

青芒果削皮后，去核，加盐搅拌均匀，静置30分钟，以饮用水清洗两次将盐分洗除，再将青芒果浸泡在饮用水中1小时；重复这个步骤两次，把盐分彻底洗掉。将水分挤干，加入雪碧、蔗糖、话梅一起浸泡，冷藏1天，再放入冷冻库中即可。

材料A

饮用水	585g
糖渍青芒果	200g

材料B

蔗糖	150g
葡萄糖粉	40g
菊糖	10g
胶体	5g

材料C

黄柠檬汁	10g
糖渍青芒果（切丁）	40g
总量（A+B+C）	1040g

糖渍青芒果

青芒果	1500g
蔗糖	320g
雪碧	330g
话梅	2颗
盐	适量

总量
（糖渍青芒果–话梅–盐） 2150g

樱树花

Sorbet de framboises, cerises et osmanthus

→ Sorbet

将樱桃、覆盆子及桂花做成搭配，成了另类的"樱树花"，颜色不但很美，风味上有酸、有甜、有香，非常特别。

1　处理材料C：樱桃清洗干净，去核打成果汁，混合覆盆子果泥备用。

2　将材料A倒入单柄锅，加热至沸腾，焖10分钟，过筛后将重量补足至575g。

3　材料B（干粉类）混合在一起，搅拌均匀。

4　将步骤2的液体倒回单柄锅，加入搅拌均匀的材料B，不断搅拌，加热到85℃。熄火后再持续搅拌30秒。

5　倒入消过毒的容器中，再加入步骤1的果泥，进行均质，隔冰块降温，尽快让它冷却至4℃，在冷藏冰箱中静置约6小时，使风味熟成。

6　静置后，将冰淇淋液再一次均质，之后倒入冰淇淋机中制冰。成品保存在−20℃的冷冻冰箱中即可。

材料A	
桂花	5g
饮用水	575g

材料B	
蔗糖	175g
葡萄糖粉	30g
胶体	5g

材料C	
覆盆子果泥	150g
樱桃	65g
总量（A+B+C–桂花）	1000g

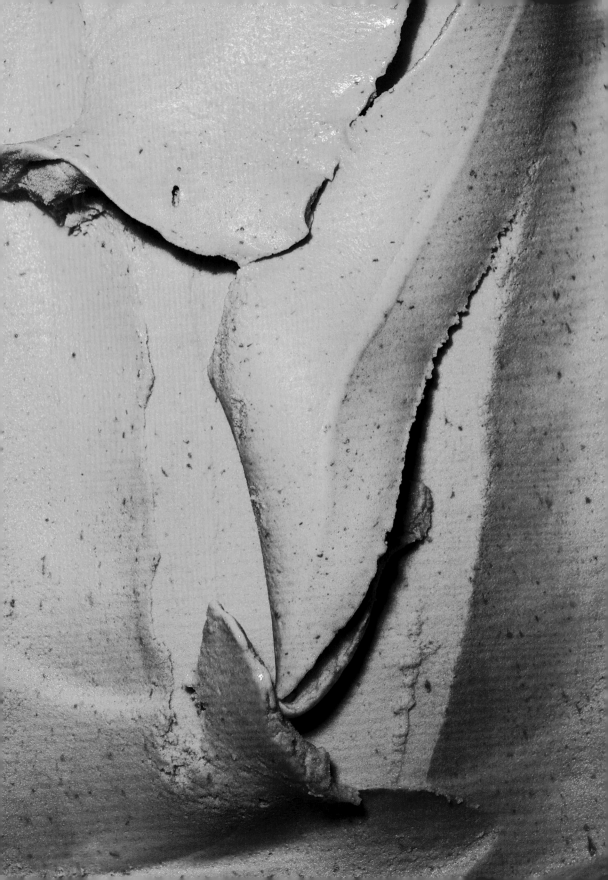

猕猴桃多多绿

Sorbet de kiwi, thé vert et Yakult

→ **Sorbet**　这是在Double V的"茶"主题周中开发出来的，我们将饮料店的人气商品制作成冰淇淋，而猕猴桃多多绿正是一个非常受欢迎的口味。在制作成冰后，呈现出入口时先感受到猕猴桃的鲜甜，中段出现大家都喜爱的养乐多风味，最后则有淡淡的茶香回甘，比直接喝饮品更加有趣。

1　处理材料A：首先将水加热到沸腾，倒入四季春茶叶，再加热至沸腾，浸泡15分钟后，过筛，回秤，将水量补足至390g。

2　将材料B（干粉类）混合在一起，搅拌均匀。

3　将步骤1的液体倒回单柄锅，加入搅拌均匀的材料B，不断搅拌，继续加热到85℃。熄火后再持续搅拌30秒。

4　倒入消过毒的容器中，再加入材料C，进行均质，隔冰块降温，尽快让它冷却至4℃，在冷藏冰箱中静置约6小时，使风味熟成。

5　静置后，将冰淇淋液再一次均质，之后倒入冰淇淋机中制冰。成品保存在–20℃的冷冻冰箱中即可。

→　**提示**
将猕猴桃均质的时候，切记不要过度搅拌，否则会有苦味产生。

材料A	
四季春茶叶	8g
饮用水	390g

材料B	
蔗糖	195g
胶体	5g

材料C	
猕猴桃	150g
黄柠檬汁	10g
养乐多	250g
总量（A+B+C–四季春茶叶）	1000g

→ Sorbet 这是一款强调巧克力香气和苦味的冰淇淋，大多数时候，巧克力若是碰到水即会收缩，造成巧克力无法操作，但是雪葩的做法只添加水和糖，只要比例是正确的，一样能做出非常光滑细腻的冰品，而且因为没有牛奶的干扰，更能呈现出巧克力的风味，不管是酸味还是烟熏味，都会强烈又直接，绝对是巧克力控的最爱。

1　　将材料B（干粉类）混合在一起，搅拌均匀。

2　　将材料A倒入单柄锅，加热至45～50℃，之后加入搅拌均匀的材料B，不断搅拌，加热到94℃。熄火后再持续搅拌30秒。

3　　倒入消过毒的容器中，再加入材料C，静置1分钟，让热度融化巧克力，之后进行均质，隔冰块降温，尽快让它冷却至4℃，在冷藏冰箱中静置约6小时，使风味熟成。

4　　静置后，将冰淇淋液再一次均质，之后倒入冰淇淋机中制冰。成品保存在–20℃的冷冻冰箱中即可。

→　　提示

为了释放可可粉的风味，一定要确保加热到94℃以上，而这里要注意的是，如果加热时间过长，水分挥发太多，会造成比例不正确，所以加热时一定要特别注意，大火会容易烧焦，小火煮的时间会拉长。在加热的过程中注意补足水分，这是很重要的。

材料A	
饮用水	605g

材料B	
蔗糖	150g
右旋糖粉	90g
可可粉	30g
胶体	5g

材料C	
72%纽扣巧克力	100g
转化糖浆	20g
总量（A+B+C）	1000g

红枣炖洋梨
Sorbet de poires et aux dattes

→ **Sorbet**
冬天的时候制作雪葩，有时还是觉得格外冰冷，其实从前就有很多加热水果的吃法，让水果温补的方式流传下来，像红枣炖梨便是一道养生甜品，具有润肺止咳的功效，而红枣更可以暖身，虽然这里是以冰的方式呈现，但这个组合所呈现出来的冰品，却不会那么冰冷，更让人想在冬天试试。

1　处理材料A：红枣洗干净，并用饮用水浸泡10分钟后，去核，再和水一起加热，煮到沸腾后关火，闷10分钟，使用均质机直接粉碎红枣，再将红枣水煮滚，焖10分钟，过筛，将水分补足至450g。

2　将西洋梨清洗干净，削皮去核后，切块备用。

3　将材料B（干粉类）混合在一起，搅拌均匀。

4　将步骤1的液体倒入单柄锅，加入搅拌均匀的材料B，不断搅拌，加热到85℃。熄火后再持续搅拌30秒。

5　倒入消过毒的容器中，再加入材料C，进行均质，隔冰块降温，尽快让它冷却至4℃，在冷藏冰箱中静置约6小时，使风味熟成。

6　静置后，将冰淇淋液再一次均质，之后倒入冰淇淋机中制冰。成品保存在 –20℃的冷冻冰箱中即可。

→　**提示**
这个做法中的西洋梨没有经过加热，会呈现出较清爽的风味；如果加热，风味则会比较厚实。

材料A	
红枣	20g
饮用水	450g

材料B	
黄砂糖	95g
葡萄糖粉	40g
盐	2g
胶体	5g

材料C	
蜂蜜	50g
西洋梨	350g
黄柠檬汁	10g
总量（A+B+C–红枣）	1002g

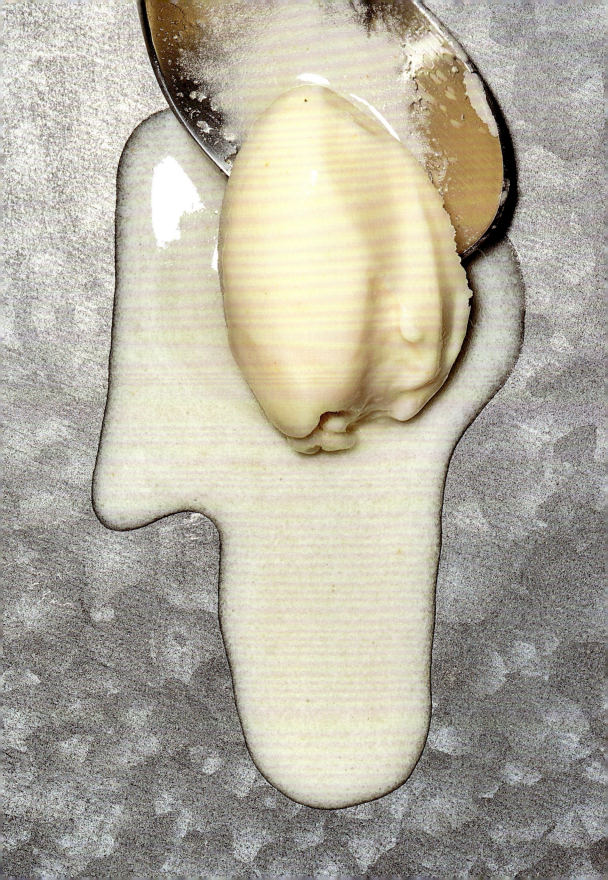

莱姆朗姆
Sorbet MOJITO

MOJITO（莫吉托）是酒吧里的不败款经典调酒，也是Double V在"酒"的主题周活动时，当周的销量冠军。以朗姆酒为基底，搭配新鲜薄荷叶和柠檬，带出了丰富的清爽口感，非常冰凉，非常沁爽！

1　　将材料B（干粉类）混合在一起，搅拌均匀。

2　　将材料A倒入单柄锅，加热至45~50℃，之后加入搅拌均匀的材料B，不断搅拌，加热到85℃。熄火后再持续搅拌30秒。

3　　倒入消过毒的容器中，再加入材料C，进行均质，隔冰块降温，尽快让它冷却至4℃，在冷藏冰箱中静置约6小时，使风味熟成。

4　　静置后，向冰淇淋液中加入材料D再一次均质，过筛之后倒入冰淇淋机中制冰。成品保存在-20℃的冷冻冰箱中即可。

→　　**提示**

1　　配方中加入脱脂奶粉，是为了让整体风味更圆润。

2　　加入薄荷叶时，只取用叶子，梗的部分记得去除。

3　　如果想要风味更强烈一些，可在杯子中先倒入朗姆酒，再挖冰上去。

PART 3 雪葩

材料A	
饮用水	625g

材料B	
蔗糖	120g
海藻糖	50g
菊糖	10g
脱脂奶粉	10g
胶体	5g

材料C	
黄柠檬汁	100g
人头马风之岛朗姆酒（54%）	80g
总量（A+B+C）	1000g

材料D	
薄荷叶	30g

PART 4

其他冰品

OTHERS

香草开心果冻糕
Parfait glacé à la vanille et pistache

→ Semifre-
ddo

冰淇淋的重要组成成分必须有液体、固体与空气，而空气是最难混合进冰淇淋的，正常做法必须使用冰淇淋机，一边搅拌一边把空气拌入；冻糕则是直接将空气打入鲜奶油或意式蛋白霜中，再跟其他材料混合。一般会以香草口味为基底，再加入其他坚果，是一个不需要冰淇淋机，只要有搅拌机就能制作的商品，非常适合咖啡厅，能简单地增加适合夏日的甜点。

1　　处理材料A：开心果切碎，放入烤箱，150℃烤约15分钟，取出放凉备用。
2　　处理材料B：将动物性鲜奶油打至七分发，冷藏备用。
3　　处理材料C：蛋黄放入搅拌缸中，加入蔗糖混合，微微打发至乳白色，备用。
4　　处理材料D：取出香草籽，与牛奶一起加入单柄锅中，加热至沸腾，然后慢慢冲入微打发的蛋黄中，混合均匀，再倒回单柄锅，加热至90℃；倒入搅拌缸里，打发（至微凉的程度）。
5　　再取出步骤2已打发的动物性鲜奶油，与步骤4的材料慢慢混合均匀，切勿大力搅拌。
6　　倒入模具，中心撒上开心果碎，最后表面再撒上开心果。成品保存在-20℃的冷冻冰箱中即可。

→　　提示
1　　蛋黄不要在室温下放置太久，很容易结皮。
2　　混合两种材料时（步骤4、步骤5），柔软度相同会更好地拌匀。

材料A	
开心果果粒	50g

材料B	
乳脂35%的动物性鲜奶油	225g

材料C	
蛋黄	90g
蔗糖	115g

材料D	
全脂牛奶	125g
香草荚	1根

总量（A+B+C+D-香草荚）	605g

栗子冻糕
Parfait glacé aux marrons

→ Semifre-
ddo

栗子是一种温暖且浓郁的食材，这款冻糕不仅带着浓烈的酒香，且含有丰厚的油脂，非常适合秋冬食用，操作上也不需要使用冰淇淋机。如果你喜欢栗子，这绝对是一款你会喜欢的冰品。

1　处理材料A：先将动物性鲜奶油打至七分发，冷藏备用。

2　处理材料B：将栗子抹酱混合栗子，再加入朗姆酒混合均匀，过筛，让质地呈现很细腻的状态（也可使用调理机）。

3　处理材料C：将蛋黄放入搅拌缸中，加入蔗糖1，微微打发至乳白色。

4　制作意式蛋白霜：单柄锅加入水、蔗糖2、葡萄糖浆，加热至115℃，冲入步骤3微微打发的蛋黄中，开高速打发至变凉。取出后，与步骤2的栗子馅慢慢混合拌匀。

5　取出已打发的动物性鲜奶油，与步骤4的材料慢慢混合均匀，切勿大力搅拌，避免消泡。

6　倒入模具中，撒上材料D。成品保存在–20℃的冷冻冰箱中即可。

→　**提示**
冻糕在食用时不需热刀，也不需要退冰，直接就可以切用。

材料A

乳脂35%的动物性鲜奶油	300g

材料B

安贝法式栗子抹酱	50g
安贝法式栗子（有糖）	75g
人头马风之岛朗姆酒（54%）	20g

材料C

蛋黄	100g
蔗糖 1	115g
饮用水	20g
蔗糖 2	60g
葡萄糖浆	90g
总量（A+B+C）	830g

材料D

糖渍栗子碎	适量

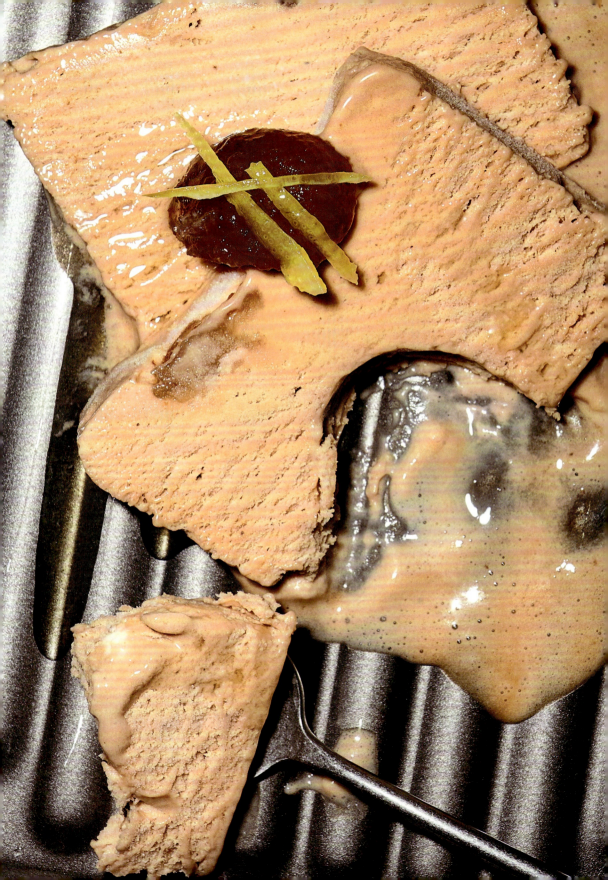

钻石冰

苹果钻石冰
Granité de pommes

→ **Granité**

苹果白兰地（Calvados）是我在法国时很常接触到的酒，因为学校旁边就是一大片苹果园，他们会将苹果再制成各式各样的产品，种类非常丰富，而这款冰品也是在一次聚会中，农家传授给我们的，做法相当简单，风味却让人印象深刻，稍作调整后想分享给大家。

1   将水加热，加入蔗糖，搅拌至糖充分溶解。

2   等糖水降温后，加入青苹果泥和苹果白兰地，混合均匀。

3   倒入长方形的容器中，约3厘米高[1]。

4   冷冻约4小时，确定液体都完全冷冻。

5   使用叉子，在冰上做重复刮冰的动作，重复几次后，继续冷冻。

6   确定都变成坚硬的碎冰后，即可取出食用。

→   **提示**

1   叉子的硬度要够，选用间隙较大的叉子会比较好刮取。

2   可另准备装饰的苹果片，刷上少许柠檬汁可防止褐变。

材料

饮用水	235g
蔗糖	85g
青苹果泥	120g
苹果白兰地	60g
总量	500g

蓝莓钻石冰
Granité de myrtilles

→ **Granité** 蓝莓含有花青素和很多营养元素，对我而言，更能吸引我的是这莓果的颜色，很少有食材会呈现天然的深紫色，将这饱和的颜色用在冰品上，能创造出非常跳的色彩效果，给人为之一亮的视觉感受。

1　将水加热，加入蔗糖，搅拌至糖充分溶解。
2　降温后加入蓝莓汁和柠檬汁，混合均匀。
3　倒入长方形的容器中，约3厘米高。
4　冷冻约4小时，确定液体都完全冷冻。
5　使用叉子，在冰上做刮取的动作，重复几次后，继续冷冻。
6　确定都变成坚硬的碎冰后，即可取出食用。

→　**提示**
　　制作好的冰品要取出时，盛装的容器记得也要先冷藏处理，这样才不会因为温差，让钻石冰融化得很快。

材料

饮用水	320g
蔗糖	70g
蓝莓汁	90g
柠檬汁	20g
总量	500g

柑橘钻石冰
Granité de mandarines

→ Granité

我很喜欢各式各样的柑橘风味，尤其是它们除了酸甜还略带苦味，而这苦味刚刚好能刺激味蕾；因此在榨取柑橘汁时，建议可连皮一起压榨，让部分精油释出，使柑橘钻石冰的风味更强烈，风味余韵也能更持久。

1　　将水加热，加入蔗糖，搅拌至糖溶解。
2　　等糖水降温后，加入柑橘汁、柠檬汁、伏特加，混合均匀。
3　　倒入长方形的容器中，约3厘米高。
4　　冷冻约4小时，确定液体都完全冷冻。
5　　使用叉子，在冰上做刮取的动作，重复几次后，继续冷冻。
6　　确定都变成坚硬的碎冰后，即可取出食用。

→　　提示
钻石冰是将糖浆冷冻之后，利用工具刮取出的粗冰粒，吃起来比较冰脆，会瞬间在舌头上化开，味道强烈。

材料

饮用水	60g
蔗糖	30g
柑橘汁	360g
柠檬汁	25g
伏特加	25g
总量	500g

香草雪糕
Bâtonnet glacé à la vanille

→ **Bâtonnet glacé**　香草冰淇淋加上巧克力脆壳，是经典不败的完美组合，感觉每个人的第一支雪糕都是以这个口味入手。榛子碎粒增加了雪糕酥脆的口感，让整体吃起来有各种食材的质感，充满变化。

1　将材料B（干粉类）混合，搅拌均匀。

2　将材料A一起加入单柄锅中，搅拌均匀，加热到35～45℃，之后加入搅拌均匀的材料B，不断搅拌，加热到85℃。

3　过筛后进行均质，隔冰块降温，尽快让它冷却至4℃，移至冷藏冰箱中静置约6小时，使风味熟成。

4　静置后，将冰淇淋液再一次均质，倒入冰淇淋机中制冰，之后填装入已消毒的模具中，插入木棍，冷冻约2小时。

→ **巧克力脆壳的制作方法**

1　将调温巧克力、可可脂、葡萄籽油倒入锅中，混合融化后加热到40℃备用。

2　雪糕冷冻约2小时，确定定形后，脱膜取出，马上均匀披覆巧克力酱，撒上烘烤榛子碎。

3　存放在–20℃的冷冻冰箱中，取出后应立即享用。

→ **提示**

配方中所用的液体油脂，是无色无味的葡萄籽油（使用太白胡麻油也可以），如果以橄榄油制作，会多出一种特有的味道，反而会压住巧克力的风味，因此油的选择要特别注意。

材料A	
全脂牛奶	620g
乳脂35%的动物性鲜奶油	160g
蛋黄	35g
香草荚	1/2根

材料B	
脱脂奶粉	20g
蔗糖	110g
葡萄糖粉	50g
胶体	5g
总量（A+B–香草荚）	1000g

巧克力脆壳	
花郜苦甜调温巧克力（70%）	500g
可可脂	75g
葡萄籽油	50g
烘烤榛子碎	50g
总量（巧克力脆壳）	675g

榛果牛奶雪糕
Bâtonnet glacé à la noisette

→ **Bâtonnet Glacé**　　外层撒上烘烤过的松脆意大利榛子粒，让冰淇淋融入丝滑香醇的带皮榛果，更增添了一点涩味，是能同时享受丝滑与酥脆的和谐搭配。多重的甜蜜在舌尖交融，绝对令你回味无穷。

1　　将材料B（干粉类）混合，搅拌均匀。材料C打碎，与材料B一起搅拌均匀。

2　　将材料A一起倒入单柄锅中，搅拌均匀，加热至35～45℃，之后加入步骤1中搅拌均匀的材料，不断搅拌，加热到85℃。

3　　倒入消过毒的容器中，进行均质，隔冰块降温，尽快让它冷却至4℃。在冷藏冰箱中静置约6小时，使风味熟成。

4　　静置后，将冰淇淋液再一次均质，之后倒入冰淇淋机中制冰，填入已消毒的模具中，插入木棍，冷冻2小时，定形后再脱模取出。

5　　存放在–20℃的冷冻冰箱中，取出后应立即享用。

材料A

全脂牛奶	570g
乳脂35%的动物性鲜奶油	140g
100%榛子酱	100g

材料B

脱脂奶粉	25g
蔗糖	100g
右旋糖粉	60g
胶体	5g
总量（A+B）	1000g

材料C

烤过的带皮榛子	适量

洛神仙人掌
Bâtonnet glacé aux cactus

在台湾，仙人掌为澎湖特产，拥有口红一般鲜艳的红色，吃起来有种特别的酸味，加以调配后，除了颜色诱人之外，也会变成酸酸甜甜的，很像酸梅汁，广受大众喜爱。而仙人掌本身还带点黏稠感，所以吃起来也会有些滑滑的感觉。

1   将水加热，加入蔗糖、洛神花，轻柔搅拌至沸腾。
2   等糖水降温后，过筛，加入仙人掌汁和柠檬汁。
3   倒入准备好的已消毒模具，先倒入一半，插入木棍，冷冻30分钟，稍微定形后，再把剩下的液体倒入模具中。
4   冷冻约2小时，确定雪糕都定形后，再脱模取出。
5   存放在–20℃的冷冻冰箱中，取出后应立即享用。

→   提示
仙人掌的前处理要特别留意，除了小心外皮的刺，还要记得把籽的部分也去除，只留下汁液。

材料

饮用水	335g
蔗糖	65g
干洛神花	5g
仙人掌汁	80g
柠檬汁	15g
总量	500g

百香杏桃
Bâtonnet glacé à l'abrWicots et fruit de la passion

→ **Bâtonnet glacé**

这是法式甜点中的常见组合，杏桃不仅能中和百香果的酸，让风味更圆润，也能提升香味层次；此外，杏桃中含有很多膳食纤维，可让冰的质地更加稳定。百香果有果汁之王的美称，因为它含有数十种以上的风味，所以吃完冰棒后，余香也会在口中久久不散。

1　将水加热，加入蔗糖，搅拌至糖充分溶解。
2　等糖水降温后，加入杏桃汁、百香果汁、微甜白酒，混合均匀。
3　准备好已消毒的模具；先倒入一半液体，插入木棍，冷冻30分钟，稍微定形后，再把剩下的液体倒入模具。
4　冷冻约2小时，确定都定形后，再脱膜取出。
5　存放在-20℃的冷冻冰箱中，取出后应立即享用。

→　**提示**
这里使用白葡萄酒，可增加整体的甜度和香气，使得果香层次更明显。

材料

饮用水	160g
蔗糖	90g
杏桃汁	180g
百香果汁	60g
微甜白酒	10g
总量	500g

黄柠檬绿柠檬
Bâtonnet glacé aux citrons

→ **Bâtonnet glacé**　仿佛绕口令一样，黄柠檬绿柠檬！柠檬品种各有特色，黄柠檬虽然没有那么酸，但是香气比较强烈，而绿柠檬则酸味明显、香气较不强烈。因此这个配方中，同时使用黄柠檬的果汁，搭配上绿柠檬皮，让沁凉的果香在味觉与视觉上都更加吸引人。

1　将水加热，加入蔗糖，搅拌至糖充分溶解。
2　等糖水降温后，加入黄柠檬汁，混合均匀。
3　倒入准备好已消毒的模具，先倒入一半，插入木棍，冷冻30分钟；刨柠檬皮，将绿柠檬皮屑撒在中心，稍微定形后再把剩下的液体倒入模具。
4　冷冻约2小时，确定都定形后，再脱膜取出。
5　存放在–20℃的冷冻冰箱中，取出后应立即享用。

→　　**提示**
　　　因为要直接使用柠檬皮，记得一定要把果皮清洗干净。

材料

饮用水	345g
蔗糖	30g
黄柠檬汁	125g
绿柠檬皮屑	适量
总量（不含绿柠檬皮屑）	500g

香草霜淇淋
Glace à l'italienne à la vanille

→ **Glace à
l'italienne**

香草籽与牛奶，是香草霜淇淋的美味关键！中国台湾地区较偏好产地为马达加斯加和大溪地的香草，因其带有花香、水果香；欧洲地区常用含淡淡烟熏味的香草荚，而爱尔兰岛的香草荚另有独特的茴香风味。日本地区则更执着于牛奶，喝起来新鲜、清爽又浓郁，北海道鲜奶更是众所认可的高品质代表。正因为冰淇淋中牛奶所占的比例很高，如果使用优质鲜奶，就能很直接地呈现浓郁香甜的讲究霜淇淋。

1　　将材料B（干粉类）混合均匀，备用。
2　　处理材料A：将香草荚剖开，刮出香草籽；将全脂牛奶、鲜奶油、香草籽混合均匀，加热至45～50℃。之后加入搅拌均匀的材料B（边加边搅拌，避免结块）。
3　　继续加热至85℃后，充分均质，隔冰块降温，让它快速降温至5℃。
4　　放于冷藏冰箱约6小时，使风味熟成。
5　　冷藏取出后，再次均质，即可放入霜淇淋机中制冰。

材料A

全脂牛奶	3635g
乳脂35%的动物性鲜奶油	200g
香草荚	2根

材料B

脱脂奶粉	80g
蔗糖	760g
葡萄糖粉	200g
右旋糖粉	100g
胶体	25g
总量（A+B–香草荚）	5000g

→ **Glace à l'italienne**

巧克力是最受欢迎的口味之一，无论甜点店、面包店、饮品店还是冰淇淋店，一定都能找到巧克力制品，由此可知有多少人喜爱巧克力，它更是霜淇淋不败的选择。这个配方运用可可粉来增加巧克力的苦味，再使用70%的黑巧克力增加尾韵，使得入口后味道更持久香浓。

1　　将材料B（干粉类）混合均匀，备用。
2　　处理材料A：将全脂牛奶、鲜奶油混合均匀，加热至45～50℃。之后加入搅拌均匀的材料B（边加边搅拌，避免结块）。
3　　继续加热至94℃，冲入放有材料C的容器中，充分均质。
4　　隔冰块降温，让它快速降温至5℃。放于冷藏冰箱约6小时，使风味熟成。
5　　冷藏取出后再次均质，即可放入霜淇淋机中制冰。

材料A

全脂牛奶	3350g
乳脂35%的动物性鲜奶油	80g

材料B

脱脂奶粉	150g
蔗糖	345g
右旋糖粉	300g
可可粉	150g
胶体	25g

材料C

70%纽扣巧克力	500g
转化糖浆	100g
总量（A+B+C）	5000g

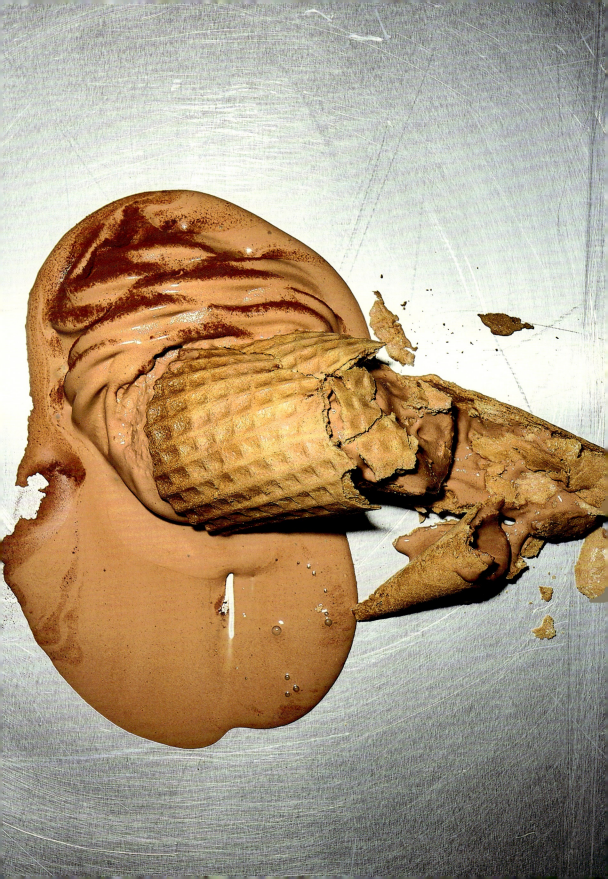

饼干甜筒
Cornet à glace

→ **Cornet à glace**

夏天最大的享受，莫过于来份冰淇淋加甜筒的搭配，香香脆脆咬起来"咔嚓咔嚓"响的甜筒，搭配着各种风味、各种颜色的意式冰淇淋和雪葩，简直是一大乐事！坐着吃，边走边吃，都是能令人细细回味的儿时记忆的滋味。

1　　先将全蛋混合蔗糖搅拌均匀，使蛋液呈乳黄色。
2　　再慢慢加入融化黄油，混合均匀。
3　　接着加入盐、香草精，一起拌匀。
4　　将面粉放进钢盆，冲入热水，搅拌成团时，之后再慢慢把步骤3的蛋液加入，混合均匀。
5　　使用甜筒机，150℃烤约3分钟。取出后趁热卷成甜筒状，放凉备用。

→　　**提示**
饼干甜筒要在饼皮还热热的时候才可以定形，所以一定要戴上手套操作。凉了之后就会变得很酥脆。

材料

全蛋	50g	盐	1g
蔗糖	125g	热水	125g
融化黄油	60g	T55面粉	125g
香草精	10g	总量	496g

烈日松饼
Gaufre de Liege

→ **Gaufre de Liege**

这里使用面团的方式制作松饼，口感更偏向于面包，因为有大量黄油，所以香气扑鼻。此外，加入了不易融化、熔点较高的珍珠糖，没有化开的糖粒便为松饼带来酥脆口感，而融化的糖冷却之后则会在表面形成薄薄的一层糖衣，增添层次和香脆口感，这也是现烤松饼特别诱人之处。松饼可搭配各种吃法，巧克力酱、焦糖酱、黄油、新鲜水果或冰淇淋，千变万化。

1　将面粉、肉桂粉、酵母加入搅拌缸，慢速搅拌，再将蛋、全脂牛奶、蜂蜜、香草精、盐混合均匀，之后慢慢倒入搅拌缸，成团后，分次加入切块的发酵黄油。

2　搅拌至面团产生筋性，面团状态像是长了尾巴，面团拉开有薄膜，最终面团温度约28℃。

3　将面团移至钢盆中发酵，在室温下放置1小时。

4　将面团分割成50g一个，加入8g珍珠糖，滚圆，继续发酵20分钟。

5　松饼机开180℃，烤约4分钟即可。

材料

面粉	250g	蜂蜜		20g
酵母	10g	香草精		5g
肉桂粉	1g	盐		2g
全蛋	50g	发酵黄油（切块）		140g
全脂牛奶	90g	珍珠糖		适量
		总量（不含珍珠糖）		568g

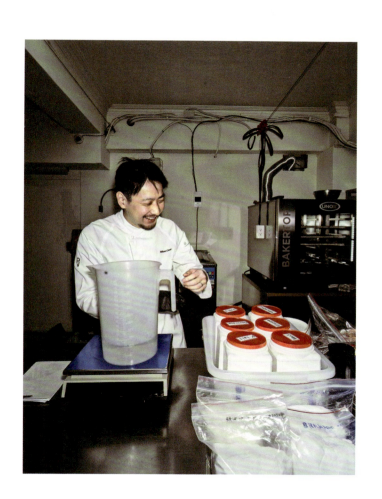

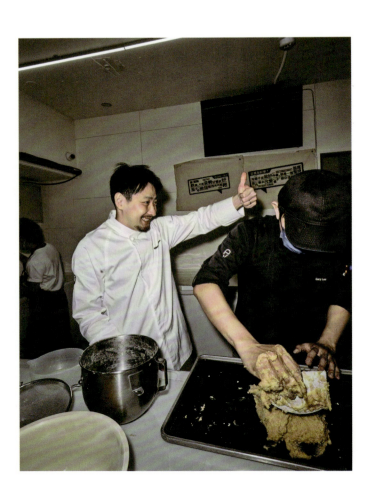

图书在版编目（CIP）数据

冰淇淋风味调配指南 / 陈谦璿著. —北京：中国
轻工业出版社，2024.5
ISBN 978-7-5184-4877-7

Ⅰ.①冰… Ⅱ.①陈… Ⅲ.①冰激凌—制作—指南
Ⅳ.①TS277-62

中国国家版本馆CIP数据核字（2024）第045940号

责任编辑：王晓琛　　　　责任终审：李建华
设计制作：锋尚设计　　　责任校对：朱燕春　　　责任监印：张京华

出版发行：中国轻工业出版社（北京鲁谷东街5号，邮编：100040）
印　　刷：天津裕同印刷有限公司
经　　销：各地新华书店
版　　次：2024年5月第1版第1次印刷
开　　本：710×1000　1/16　印张：13.5
字　　数：300千字
书　　号：ISBN 978-7-5184-4877-7　定价：198.00元
邮购电话：010-85119873
发行电话：010-85119832　010-85119912
网　　址：http://www.chlip.com.cn
Email：club@chlip.com.cn
版权所有　侵权必究
如发现图书残缺请与我社邮购联系调换
230612S1X101ZYW